U0772522

善意回帖

人性呼唤成功

[韩] 闵丙哲 著

中央编译出版社
Central Compilation & Translation Press

序言
人性呼唤成功

　　每个学期之初，在介绍课程内容的时候，我都会把我和 CNN 女主播鲁可蒂（Kristie Lu Stout）一起做的直播访谈视频给选课的学生们观看。然后向学生发问："假设在座的每一个同学都有可能接受 CNN 的采访，你们觉得要怎样才能获得这个资格呢？"学生们会做出各种各样的回答，比如"要英语好才行"，"需要了解国际热点问题"等等。听了学生们的答案以后，我是这样说的：

　　"第一，你要有一个别人想不到的创意性想法；第二，这个想法必须为他人服务，而不是为自己。如果能做到这两点，那么任何一个人都可以出现在 CNN 的镜头前。"的确如此，能够提出富有创意性的想法，并且不是为了个人，而是为了社会，那么不仅是 CNN，全世界所有的舆论媒体都会前来竞相采访。

　　现在我在大学给经营管理系的学生们讲授"制作我的专属创意内容"与"最有效的演讲法"等课程。一般来讲，这些学生毕业后面临的第一关考验就是在全球性公司接受面试。而要想成功通过面试，就需要进行演讲或陈述，向面试官说明自己的业务执行能力并使其信服，进而令其感动。这与男生第一次和女生约会时的行为几乎无异，都是一个非常单纯的过程。就像第一次见面时，要在15秒之内给对方留下强烈而深刻的印象，才能有下次见面的机会一样，求职者为了就业，首先一定要拿出切实可行的内容说服并感动对方。

在我的课上，所有的学生都要创建一个不存在的虚拟公司，因为这个公司并不是实际存在的，所以不需要任何资金投入。

之后，学生们要提交制作方案，用于把这个虚拟公司的产品做成智能手机APP。在这个过程中，我会将相关企业或公共机构介绍给学生，学生们将前往相应的企业或机构，对自己的开发方案进行说明。本课程的最终目的就是让学生的方案能够通过该机构的考评，促成该机构开发相应的APP。在这个过程中，学生们能够缩短自己的创意与现实之间的距离，并且能和相关机构或企业的从业人员建立良好的关系网，可以说是一石三鸟。

现在我的课上除了韩国学生外，还有很多来自美国、中国、德国、法国等世界各国的学生，采用纯英语教学。我之所以要开设这门课，原因很简单，就是为了培养我自己独特的竞争力。

作为一个实用英语教学专家，如果我在大学教英语的话，竞争力就会下降，因为能够用英语上课的老师除了我以外，比比皆是。由此我想到的便是开发一门由我独创的课程，一门学生在其他教室里听不到的课程（尽管世界其他大学可能会有类似的讲座，但至少据我所知，这是一门非常独特的课程）。

近来大企业都倾向于选拔什么样的人才呢？他们不再青睐一流大学出身和托业高分者，而是仅仅将姓名和联系方式等基本信息设为应聘门坎，通过面试和任务执行考核等方式判断应聘者是否具有业务能力，录用能够设计自身独有的创意性文案、具备"简历之上的创造力"

的人才。

此外，企业在录用人才的时候还有另外一项重要的考核内容，可能这项内容才是最重要的，这便是应聘者是否具有好的"人品"。如果你是总经理，在录用职员的时候，会选择什么样的人呢？如果现在你所面试的应聘者尽管业务能力优秀，并且富有创造力，但人品不好，将来可能会给公司带来麻烦，那么你也许就不会录用他。

同样，你想入职的公司也是这种想法。如果你不仅具备良好的业务能力，还具有创造力，同时又很善良的话，那么公司便会马上聘用你。

有一个著名的轶闻，说的是过去有一位大企业的董事长，在面试新员工的时候，让相面先生坐在旁边，随时问他聘用某个人会对公司带来益处还是不利的影响。由此可见，聘用员工时实力虽然重要，但更重要的是品行端正。我们完全可以想见那位董事长是有多无奈，才会出此下策。

毕业于一流大学、就职于超一流企业的员工，将本公司的重要核心技术或信息资料泄露给其他国家而牟取数亿元暴利的案件早已屡见不鲜。这恰恰从反面证明了一个事实，那就是韩国正在沦落为一个行为违背伦理道德、人性日益扭曲的社会。因此，企业家们为了防患于未然，正式开始了"有德之才"的发掘之路。

如果可以证明自己是一个具备善良品性的人，那么学生就可以在高考中获得加分，求职者就可以在就业竞争中占据优势。而对于职场人和企业家而言，优良的品性能助其获得对方深厚的信任，进而走向成功。

善良的人性即成功。

在这本书里，我将和读者们一起分享我在大学讲堂和学生们一起进行的一场史无前例的人性教育——善意回帖运动，以及这场运动如何改变了青少年的性情，又给周围的人带来了怎样的影响。同时也想讲一下这场在韩国发起的网上善意回帖文化运动是如何被介绍到邻国中国的。

最后，衷心希望本书能够帮助广大读者朋友们建设更加有意义、充满阳光的生活。

闵丙哲
写于芬芳扑鼻的清晨

目 录

社会的改变会带来个人的改变，

个人的改变也会引起社会的改变。

由具有好人性的国民所构成的社会，

才是我们所期盼的、安定幸福的社会。

第一章

为什么是人性？

1

为何人性会成为话题?

社会的基石兼核心价值——人性

2014 年末，有一个把大韩民国推到舆论风口浪尖的话题——"甲方特权"，这一词汇令所有韩国国民开始关注"人性"问题。之前一直被视为合同用语的"甲方"和"乙方"，竟成为引爆重大社会热点问题的词条。随着一连串"甲方"对"乙方"施加不当待遇的行为被曝光，我们的社会愈加演变成了一个"问题社会"。由此我认为某航空公司副社长以乘务员的服务欠妥为由对其恶言相向，最后还强迫飞机掉头的"坚果返航事件"，虽然令人痛惜，却也不失为一个让社会审视人性的良好契机。

通过开展善意回帖运动，我更加坚信人性是如何改变这个社会的，所以在上述事件发生后，我及时在《朝鲜日报》发表了一篇题为"人性教育，兼具经济效用"的专栏评论。

有一次，在一个餐厅，一个小孩儿跑来跑去地大声喧闹，服务员前来阻止。孩子不仅不听，反而辱骂服务员。尽管如此，孩子的妈妈却一直在旁边若无其事地默默吃饭。作为父母，如果不把孩子的毛病改掉，他长大后会变成什么样的人显而易见。俗话说"三岁看到老"，假如父母不对孩子进行人性教育，而只注重以高分为主的应试教育，孩子日后就很容易发展成为一个以自我为中心的利己主义者。

某个从国外留学归来的儿子，因为父母不给钱便加害父母；某航空公司的副社长因为对乘务员的服务不满意就迫使客机掉头返航；就职于一流企业的高学历职员将所在公司产品的核心设计图卖给海外竞争企业谋取数亿财物。这些新闻报道都是社会不重视人性教育的结果。据某经济研究所公布的数据显示，韩国社会每年发生的纠纷解决费用高达 300 兆韩元（约为 1.7 万亿人民币），接近国家一年的预算总额。仅仅因为别人和自己的见解不同，就不断针对对方，在所属团体内部拒绝和谈，一直寻衅滋事，这种做法给组织内部所有成员都带来了莫大的伤害。

据 2013 年大韩商会对韩国国内百强企业的人才分析报告显示，大部分企业都将人性和道德看作一个人的首要价值。现在企业已经摆脱了先前那种以业务能力为主的人才选拔模式，开始注重录用兼具人性和社会性的人才，这着实让人欣慰。针对青少年制定的切实可行的人性教育方案，反映在大学入学考试上，主要包括以下两点：高考要以强化人性教育为目标来出题；大学"入学审查官"制度规定要给品学兼优且社会适应性强的学生加分。

据蔚山市教育厅发布的数据显示，旨在清除"恶意回帖"的"善意回帖"运动开展之后，校园暴力事件减少了 50%，这在当地引起了很大的反响。善意的语言习惯，不仅减少了辱骂和争吵，甚至还减少了校园暴力事件，进而缩减了因校园暴力而支付的费用，这就是一个能够证明"人性教育兼具经济效用"的范例。在减少因社会纠纷引发的费用支出上，最有效的办法就是人性教育。在2015年新的一年里，让我们共同期待政府能够出台更有力度的人性教育政策。

这篇专栏文章刊登之后，我收到了很多人的电话和短信，绝大多数人都是在表达自己的同感。

韩国自古就有"东方礼仪之国"的美称，非常重视礼仪和孝道，但如今也面临着礼崩乐坏的考验。很多人都从人性教育的缺失上找寻问题的原因。当前我们社会上发生的很多事情，都起因于个人的良知泯灭和不当行为。换言之，少数个人不自觉的行为正在使我们整个社会变得窒息、阴郁、艰辛。

人性能够展现社会进步的面貌，是社会最坚固的基石，同时也是不断与时俱进的社会核心价值。

当我们善良的人性再次被唤醒时

韩国和其他国家相比，其历史进程具有很大的特殊性。70年前，韩国摆脱了列强的统治获得独立；60年前，韩国开始从一片废墟发展成为今日的面貌。这些事情距今并不遥远。

最近，"国际市场"这部电影因观众人数突破千万（相当于韩国人口的五分之一）而倍受热议。看完电影中韩国的过去，再看到那些给我们讲述自己过去经历的人还在身边，就会让人不禁感慨社会发展今非昔比、日新月异。今日的大韩民国已经光彩熠熠得让人难以相信它曾是一个历经战争摧残的国度。2014 年，韩国在 OECD 成员国的中高等教育及大学入学率方面排名第一，同年 GDP 排名居世界第十三位。韩国还先后成功举办过奥运会和世界杯，如今风靡全球的韩流文化也源自韩国。曾经的大韩民族家园被破坏，亲人离散，每天都要看着身边的人因饥饿或寒冷死去。但不足百年之后，这个民族却创造出了这么多伟大的成就。

然而有得必有失，高喊着"快点儿快点儿"，要快点儿实现"更多""更高""更优秀"业绩的大韩民国，在这个过程中却失去了一样东西，这便是人性。

这是曾经儒雅温和的大韩民族，在摆脱战争伤痛迈向先进国家的过程中，难免会产生的"副作用"。

不过我们仍怀有希望。我们已经迅速意识到问题的严重性并找到了解决方法。现在，只要我们能够再次唤醒内心的善良与仁厚即可。

以人性为主题的社会是不健全的。但未来是光明的，因为它意味着这个社会能够变得更加美好。

2

人性即社会　人性即文化

人性源于正确的教育

人性塑造社会，改变文化。重视人性的社会与忽视人性的社会，其氛围迥然不同。宁可降低成果要求，宁可放慢进展速度，也要坚持让决定符合人本思想，从而使所有社会成员都能自然而然地遵从该决定。

社会发展平稳、摩擦较少才能维持安定有序，这样才能使每一个人都能集中精力做好自己的事情，并减少因矛盾冲突造成的不必要的财物消耗。互相给予对方鼓励、称赞和声援，可以加强社会成员之间的凝聚力。这也正是人性社会的建设蓝图。

北欧国家很早就宣称自己是福利国家，它们在渡过难关之后实现了国民生活安定的美好局面。因此我们对北欧国家的文化、经济以及社会生活关注有加。最近只要涉及福利和国民幸福，人们就会谈及北欧国家。我也查看了很多相关书籍，并对其中一些内容印象深刻。

在芬兰，很多家庭住宅的外墙上都画有宠物狗。看到这个我们会想到什么呢？几乎所有人的回答都是"小心狗"，大家都觉得会被狗咬或者周围有狗叫。但是，出乎意料的是，据说这是当发生火灾等事故时，请求救出屋内动物的标识。从这件事可以看出芬兰人的社会信念，他们想要建设一个所有人平等享受幸福、不给任何人带来伤害、同喜同乐的社会。

而这种信念源于教育。学校挑选道德高尚的人将其培养成教师，这些教师们负责帮助学生们形成优良的品格，使他们拥有平等的机会去追求自己的人生目标而不损害他人。这种教育的结果就是芬兰在"国际学业成就评价"中位居世界首位，这是 520 万芬兰人民共同努力的成果。

通过阅读芬兰初中教师直接撰写的《芬兰教育现场报告》，可以较好地了解芬兰的人性教育。芬兰和韩国差不多，自然资源非常匮乏，因而他们认为人口就是资源，并把国家的未来寄托在教育上。在芬兰，用于教育政策的支出明显高于企业政策，从这一点可以看出他们在认真实践教育至上的原则。

以高尚的人性为基础，让所有人平等接受最好的教育，这是芬兰的信念，它能够守护人性的美好，使国家远离战争。而只有从小接受正确的社会意识教育，学会关怀和尊重，才能营造以人性为主的社会文化。

美国的人性教育

美国的人性教育始于 19 世纪 40 年代，其先驱为当时的教育改革家霍瑞思·曼。他主张人性的开发如学业般重要。霍瑞思·曼基于基督教教义的主张给整个教育界带来了重大影响。但是二战之后，美国的教育倾向开始逐渐从人性教育转向学业教育。后来随着学校内部恶劣暴力事件和枪杀案件的频发，人们再一次意识到人性教育的重要性。20 世纪

90 年代，在"人性重要"标语的影响下，学校开始重视道德教育并强调人性教育。现在美国的人性教育由教育部下属的安全无毒品学校办公室总体负责。人性教育的推进不仅仅局限于教育界，教育部和其他与青少年相关的机构、民间团体建立了有机合作关系，并以此推动人性教育的开展。人性教育以信任、尊重、责任、公平、关怀、市民精神等多种道德品质为核心，近年来随着创新精神越来越受重视，人性教育的目标转变为对创新精神和伦理道德的共同追求。

美国人性教育的最大特点就是将人性教育融入到一般的教育课程中。在历史课上，通过美国独立宣言教给学生何谓人权伦理；在文学课上，让学生们就社会道德问题写出自己的感想；就连看似与人性完全无关的体育课，也是以人性教育为出发点的，通过体育活动教给学生要公平竞赛，尊重对手。

此外，美国学校制定人性教育的具体原则并严格监督其贯彻执行的做法，也非常值得借鉴。

在韩国的小学，由教师、家长、教工、校长等组成的学校改善委员会，制定学校人性教育的原则和细则，并严格监督其每一年的执行结果。另外，为了帮助学生熟知并遵守人性教育原则，学校会在一年内举办各种班级讨论或相关活动。这样做的目的是避免人性教育成为被束缚在框架内的体制教育，确保其反映多数人的心声，并通过具体而彻底的流程来贯彻实行。

德国的人性教育

德国和美国一样，也是一个人性教育很完善的国家，所以德国的案例同样值得一看。德国人性教育最根本的核心内容就是所有教学科目的设置都以人性教育为目标。

前面已经提到，美国的人性教育是将其与一般科目的教学相结合，但德国超越了这个层面，并没有对人性教育和一般课程教育做单独区分。在德国，我们也几乎找不到和人性教育有关的课程设置。那么，德国的人性教育究竟是怎样进行的呢？

其实这个秘诀相当简单，就是在学校里营造一种互相帮助、互相协作而非互相竞争的氛围。德国的老师们总是教育学生，朋友之间的友谊比成绩更重要。而且他们也从来不会说一些类似"只有学习成绩好才能考入大学"的话给学生施加压力。比起成绩优秀的学生，他们更多地称赞那些能够和朋友友好相处并懂得关心别人的孩子。

与轻松的正规课程不同，德国学生放学后的活动或社团活动总是紧张而活泼，学生们通过课外活动学到了如何与朋友合作。不过德国人在教规和纪律方面却是非常严格的。在学校无故旷课一节会被叫家长，两节就可能勒令退学。正是因为德国公立教育的影响力很大，所以教师具有很高的权威且深受社会各界的尊敬。

这种德国式的人性教育之所以行之有效，和我们熟知的德国社会保障制度有很大关系。德国有这样一句话，人性教育的场所不是学校而是社会。在德国，学校、家庭和社会三位一体，共同努力培养学生的优良品性。就算没有上过大学，只要有一技之长，也能获得充足报酬和良好待遇，这种社会风气也起了很大作用。此外，德国人在实业学校(Realschule)、职业学校(Fachschule, Berufsschule)和普通学校(Hauptschule)等多种学校里都可以免费接受高质量的教育，只要本人有学习意向，就能学到很多有益的知识，不断成长进步。这种"社会即学校"的氛围正在形成一个培养国民善良品性的良性循环。

韩国的人性教育

韩国也意识到了人性教育的重要性，并开始关注人性教育。尽管开始得有些晚，韩国人性教育的进度却很快。2015 年 1 月，韩国制定了《人性教育振兴法》，将人性教育通过法律义务化，这在全世界尚属首例。根据该法律的规定，今后国家、地方自治团体、学校将承担人性教育的义务。政府成立了由教育部、文化体育观光部、保健福祉部、女性家族部等部门的副部长和社会专家组成的国家人性教育委员会，制定五年人性教育全面规划。此外，政府还提出了一些具体的实施方案，如教师要义务参加人性教育进修，师范大学和教育类大学等教师培养机关要开设强化人性教育力量的必修课等等。

韩国教育部提出要将人性评价机制引入大学入学考试，并表示该制度将首先在教育类大学和师范类大学试行。凡实行该制度的大学，教育部将给予奖励。不论是更名为学生综合评价的"入学审查官"制度，还是人性评价制度，都已经在美国实行了 80 年。据《华尔街周刊》报道，美国 3000 多所大学中，有 850 多所没有将提交成绩义务化。

在意识到仅靠成绩无法选拔出全面发展的素质型人才后，美国开始将成绩作为个人评价的多项指标之一，或者相对于成绩，更加重视品性、特长、潜力、社会性、领导力等等。然而，美国的制度是否适合我们还需拭目以待。因为不同国家的社会和文化不同，好的制度也不见得能收到好的效果，因为制度是由社会来定的。

无论怎样，人性教育振兴法可以说为韩国迈入人性教育发达国家的行列奠定了基础。但是，就像在美国和德国的案例中看到的一样，仅靠法律和系统是无法培养出孩子们的优良品性的。美国和德国人性教育背后的强有力支撑是社会性的教育氛围。韩国在一味追求经济发展的过程中忽略了太多太多，和美国、德国的社会氛围相比，还存在客观差距。但是我们仍然坚信必须建立符合本国国情的人性教育方式，并通过它来实现社会和文化的转变。

人性为主的社会是个什么样的社会？人性至上的文化又指的是什么呢？其实它们没有什么高深之处，也一点儿不难实现。它们指的就是一种社会与文化，能够让真挚的关怀和尊重在日常生活各个方面都自然流露，不会因个人的无知与无德而产生各种社会问题。

社会改变个人，个人也能改变社会。由品格高尚的个体组成的社会，才是我们渴望的安定幸福的社会。

3

人性始于家庭

餐桌教育的力量

你能想象美国第一位黑人总统贝拉克·奥巴马在入主白宫之后，最想做的事是什么吗？他所期待的既不是招待各界名人举办盛大的宴会，也不是在办公室听取官员们的报告，而是和家人一起温馨地共进晚餐。因为漫长的选举游说使他很长时间没能和自己心爱的两个女儿一起吃饭，这让他心里一直很过意不去。

每天晚上 6 点 30 分，只要没有什么特别的事情，奥巴马一家就会围坐在白宫的餐桌前，早晨也是如此。有一次，为了和家人共用早餐，奥巴马调整了会议时间，由此还引发了一阵热议。尽管奥巴马是世界顶尖强国美国的总统，他依然想要成为一个可以和孩子一起用餐的温情爸爸。

世界各国媒体对奥巴马总统的这一面给予了很多关注，不仅是因为他慈爱的形象看起来很有趣，更是因为无论发生什么事情他都"固执"坚持和家人一同用餐的教育方法。他和女儿一起吃饭的时候，会一边吃饭一边听女儿们说她们感兴趣的事情和烦恼，并且听完以后还会把自己的经验告诉她们。有时候还会针对一个意见和女儿们一起讨论。即便是一些不好轻易吐露的话题，在饭桌前他们也可以自由地交流。韩国媒体将其称为"奥巴马的餐桌教育"。

这种餐桌教育是奥巴马总统从自己母亲那里学到的。身为单身妈妈兼职场女性，母亲每天凌晨4点半就会在儿子床上摆上餐桌，边吃早餐边和儿子聊天。这是因为母亲实在太忙，只能趁早餐时间和儿子对话交流。

虽然年幼时理解不了母亲的良苦用心，并且还经常挑食，但奥巴马说，正是那个时候和母亲一起吃过的凌晨早餐，造就了今日的美国总统奥巴马。

犹太人的教育方法

在谈餐桌教育重要性的时候，不可避免地要提到犹太人的餐桌教育。犹太人占世界人口的0.2%，却掌握着世界金融市场的命脉，历届诺贝尔奖得主中22%是犹太人。这些都源于他们特殊的教育方法，其中最有影响力的就是餐桌教育。

对犹太人而言，家庭是学习的最佳场所。从咿呀学语的时候起，犹太人就开始学习"摩西五经"和"塔木德经"等先人留下的智慧。而和家人一起吃饭的时间，就是孩子们从父母那里聆听犹太教教诲的最重要的时间。犹太人父母会把孩子看作和自己同等的个体，并和他们一同讨论犹太教的箴言教诲。在犹太语里，两个一组进行讨论的方式被称作"Havruta"，而进行"Havruta"的最佳时间就是用餐时间。

此外，犹太人还有在每个周五晚上和家人亲友一起聚餐礼拜的文化。与其说是晚餐，不如称之为一种仪式。每当这个时间，大家会互相祝福，对丰盛的食物和辛勤准备食物的人啧啧称赞。在这个过程中，孩子们会自然而然地学到很多礼节，学会珍惜食物以及关心他人。

韩国祖先的教育方法——食时五观

其实严格来讲，可能没有一个民族像韩国这样如此重视餐桌教育。即便是现在，如果有孩子在餐桌前抖腿或者比长辈先动筷子，还是会被老人训斥"在餐桌上太没有规矩"。但是，这些仅止于礼节性教育，和韩国祖先的餐桌教育方式相比，仍存在很大差异。

韩国的祖先从很早以前就认为餐桌是一个训诫教育的空间。朝鲜时代的士大夫家庭，强调餐桌吃饭时要思考五个问题，即"食时五观"。

"食时五观"的具体内容如下：第一，要理解食物里包含的母爱；第二，要省察自己今日是否有用餐的资格；第三，要节制味觉享受和饱腹感所带来的贪欲；第四，要把吃饭当作吃药，均匀合理膳食；第五，要先有人性，才可进食。"食时五观"中包含了关怀与感恩，尊重与自省等品德，这些都是培养优良品性时所必需的。

如上所述，曾经那样重视餐桌教育的大韩民族，不知从何时起，别说餐桌教育，连和家人一起吃顿饭都变得那么困难。据韩国保健福祉部和疾病管理本部发布的"2013年国民健康统计"显示，和家人一起吃早饭的人仅占国民总数的46.1%，连一半都不到。该调查自2005年开始实施，当时的比率为62.9%，到2013年大约减少了17%。晚餐的共同就餐率也从2005年的76%逐步减少为2013年的65%。韩语词汇

"食口（家人）"，意思是在一个家庭共同吃饭生活的人，但如今这个词好像也在渐渐成为一句古语。

人性教育中最重要的乃教育环境

尽管现在双职工夫妇不断增多，学生们也一天到晚辗转于各种学院之间，使得一家人齐聚一堂并非易事，但过于轻视和家人聚餐价值的态度才是最大的问题。因为嫌麻烦，以忙为借口，不喜欢和家人在一张桌上相视而坐用餐的行为，不仅会有损家庭和睦，而且也会给孩子的人性造成重大影响，这点需要谨记！连奥巴马总统都珍惜和家人一起进餐的时光，不是吗？当然家庭内部的人性教育，在饭桌以外也很重要。俗话说"孩子是父母的影子"，孩子的人性都是在父母的习惯、行动及语言的影响下形成的，父母的善行与模范作用对孩子人性的形成、产生的影响是最大的。

2015 年春节前夕，中国领导人习近平在新春团拜会上对家庭教育作出重要论述。习近平强调，家庭是社会的基本细胞，是人生的第一所学校。不论时代发生多大变化，不论生活格局发生多大变化，我们都要重视家庭建设，注重家庭、注重家教、注重家风。

下面是习大大写给他父亲习仲勋 88 周岁生日的信①，从中我们可以看到中国领导人是如何在良好的家庭教育环境下成长起来的。

敬爱的爸爸：

今天是您的 88 周岁生日，中国人将之称为米寿。若按旧历虚

---

① 原载《习仲勋革命生涯》，中共党史出版社，中国文史出版社，2005 年，668—669 页。

两岁的话，又是您 90 岁大寿。这是一个值得庆祝的大喜日子。昨晚我辗转反侧，夜不能寐，既为庆祝您的生日而激动，又因未能前往祝寿而感到遗憾和自责。

自我呱呱落地以来，已随父母相伴 48 年，对父母的认知也和对父亲的感情一样，久而弥深。我从您身上要继承和学习的高尚品质很多，最主要的有如下几点：

一是学您做人。爸爸年高德劭，深受广大人民群众和我党同志、党外人士的尊敬。这主要是您为人坦诚忠厚、谦虚谨慎、光明磊落、宽宏大度。您一辈子没有整过人，坚持真理不说假话，并且要求我也这样做。我已把您的教诲牢记在心，身体力行。

二是学您做事。爸爸自少年就投身革命，几十年来勤勤恳恳、艰苦奋斗，为党和人民建功立业，我辈与您相比，实觉汗颜。特别是您对自己的革命业绩视如过眼烟云，从不居功，从不张扬，更值得我辈学习和效仿。

三是学您对共产主义信仰的执著追求。无论是白色恐怖的年代，还是极"左"路线时期；无论是受人诬陷，还是身处逆境，爸爸对共产主义的信念仍坚定不移，相信我们的党是伟大的、正确的、光荣的。您的言行为我们指明了正确的前进方向。

四是学您的赤子情怀。爸爸是一个农民的儿子，热爱中国人民，热爱革命战友，热爱家乡父老，热爱您的父母、妻子、儿女。您自己博大的爱，影响着周围的人们。您像一头老黄牛，为中国人民默默地耕耘着。这也激励着我将毕生精力投入到为人民服务的事业中去。

五是学您的俭朴生活。爸爸平生一贯崇尚节俭，有时几近苛刻。家教的严格，是众所周知的。我们从小就是在您的这种教育下，养成勤俭持家习惯的。这样的好家风我辈将世代相传。

此时此刻，百感交集，书不尽言，上述几点，不能表达我的心情于万一。我衷心遥祝尊敬的爸爸健康长寿，幸福愉快！

儿近平叩首

2001 年 10 月 15 日

人性为先的教育哲学

我们再来探究一下犹太人的教育。犹太人在日常生活中，倾注在人性教育上的努力丝毫不逊于餐桌教育。犹太人的法律中有这样一条规定："不要辱骂耳聋的人（出处：《圣经·利未记》)。"为什么会有这种规定呢？这是为了防止自己的人性因为辱骂别人而受损。犹太人在教育孩子的时候，强调的其中一条就是不许撒谎。但他们同时也教给孩子，如果真话太没有人情味就不要说，即不要说会让别人伤心的真话。从小他们就教给孩子照顾他人的感受。犹太人在孩子小的时候会送给他们两个存钱罐儿，并告诉他们，其中一个是为自己存钱，另一个是为邻居存钱。这种教育使孩子在对邻居的关心中体会到金钱的珍贵。

在洛杉矶的韩国人社会中，"三衙小学"是一所著名的公立小学，非常具有代表性。该校校长吴秀智女士，数十年间培养出人才无数，其秘诀也和犹太人的教育哲学有关。学校里除了韩国学生外，比例最大的就是犹太学生。当吴校长看到犹太学生的学习态度后，便开始对犹太人的教育方式产生了浓厚的兴趣。

吴秀智校长将自己感受到的犹太学生的优点总结为"顺畅的沟通

交流，突出的解决问题能力，以及和他人的协作能力"。韩国学生虽然学习很好，但是不善于表达与合作，这一点和犹太学生形成了鲜明的对比。

此外，吴校长还将犹太人父母的教育哲学总结如下：

1. 找一个符合自己教育哲学的学校，而不是最有名的学校。

2. 要想达到最好，必须先付出最大的努力。

3. 不要将孩子和其他孩子比较，只比较孩子自己的行动变化（例：去年阅读量很小，今年增大了不少）。

4. 使用"自我传递法"（应该很累，我要去帮忙）。

5. 父母要做出表率。

6. 为了我的孩子，推动学校的全面发展。

正是得益于这种教育哲学，犹太人才创造了"常青藤联盟"每年毕业生中 30% 为犹太人的惊人神话。家庭内部的人性教育和切实有效的教育哲学，才是能引导孩子的人生走向成功之路的最重要的推动力。

什么是好的人性?

在字典里"人性"指人的品格,

是个人所拥有的思想和态度。

按照字典的定义,

具有好人性的人可以被理解为具有

好的品格、好的思想、好的态度的人。

第二章

人性如何使人成功

1

为何世界名校都重视人性

满分也会落榜

韩国 2008 年引进的"入学审查官"制度，美国大学早在 80 年以前就开始实行了。其中最具代表性的就是美国名校、最高学府——哈佛大学。哈佛大学自 1923 年起，开始通过"入学审查官"制度，综合考虑学生的潜力与特长来选拔新生。

美国"入学审查官"制度的核心当然是对学生人性的评价。所有学生在提交入学志愿书的时候，都需要附加一篇散文，目的就是通过散文来评价学生的道德素养。所以在美国大学的入学考试中，尽管有很多学生得了满分，却未能被美国常青藤盟校录取。这说明不论成绩有多好，如果道德品质评价不良的话，最终还是无法考进名门大学。

美国名校的课程安排逐渐朝着重视人性、特长、潜力、社会性、领导力等综合能力的方向转变。最近，据《华尔街周刊》报道，在美国近3000 所四年制综合性大学中，有 850 多所没有将考试成绩义务化。

特别是以美国顶尖文科学院 (Liberal Arts) 著称的鲍登 (Bowdoin) 学院

以及维克森林 (Wake Forest) 大学等 100 余所高校，直接不看学生的 SAT 分数。而德保罗 (DePaul) 大学等高校则通过让学生提交几篇简短散文的方式来把握他们的人性。与这些方式不同，密歇根州立大学先是通过第一轮审核筛选出 2000 名学生进入复试，再让他们做一份含 100 项内容的网上人性测试。

真正的人才应具备的条件

美国名门大学相对于可视性的能力和成绩，更注重人性的原因何在？答案就在于美国名门大学不希望学生将成功绝对性地归结为纯粹的个人成功。世上最危险的事情莫过于一个富有学识又资金殷实的人却道德败坏。美国名门大学在人性教育上倾注的心血是努力培养世界市民过程中的重要一环。让每一个成功的个人作为世界市民，引导人类发展走向一个正确的道路，这不就是人性教育的目标吗？

被称为名门的大学，将优秀人才定位为可以超越个人范畴，志愿为全世界做贡献的人才，并将其作为本校的人才培养目标。它们为自己培育出了学者、教育家、政治家、科学家等为全人类贡献力量的人才而骄傲自豪。这样来看，能力又是基本的要求。优秀的成绩和异于他人的特长等是一个人为社会贡献力量的基础。而能使这个基础更具价值的东西，就是优良端正的品性。世界性大学通过漫长的实践经验发现，对于学生而言，学习是基本要求，此外还有很多其他的要求，而那便是培养真正人才所需要的最重要的条件。

2

善良的人性胜过优秀的能力

何谓真正的成功

我在学校给学生们讲课的过程中，总会不经意间了解到他们每个人的人性。我认为人性会从日常行为中流露出来。在观察他们听课态度的时候，亦或是在路上遇到互相问好的时候，学生们的人性总能鲜明地展现在我的眼前。

期末考核学生成绩时，排名最靠前的往往是那些我认为平时品性良好的孩子们。当然出勤率低，见到老师不打招呼，又不讨人喜欢的学生有时候也会考得很好，尽管这样的学生占少数。但是不可否认，大体上还是那些品性优良的孩子们学习成绩更好，至少品性与实力不会呈反比例。

其实将人性与成绩结合在一起看待，本身就是一种错误的思考方式。这也可以被看作是"成绩至上主义者"强迫观念的一种。如果仅凭成绩不好就拿孩子当"坏孩子"来对待，可能会引发不幸。

同样将人性与成功"挂钩"来思考问题也是不可取的。并不是所有天性善良的人就一定都能取得成功，我们身边就有很多富有人格魅力但生活艰辛的人，这是因为在成绩与成功之间存在太多其他相关因素。那些因素可能是环境，可能是资金，也可能是平时的生活习惯。

但是品性优良的人兼具勤恳踏实品质的可能性很大，因为在优秀的人格素养当中，包含着对过程和努力的价值的认识理解。依靠自己辛勤的汗水换来的耀眼成就才是真正的成功，而通过旁门左道或榨取他人的方式，即便能取得所谓的"成功"，这个世界也不会对他们的"成功"表示认可。

高尚人格的潜在价值

今后高尚人格的价值会不断凸显，这是因为在信息化时代，个体的人性比从前更容易得到评价。因为在推特（twitter）或脸书（facebook）等社交软件上暴露出自己的人性，从而蒙羞或受到伤害便是很好的例子。曾有位候选人因选举期间其子女上传了一些不合适的内容而导致该候选人的支持率暴跌，还曾有一名艺人因为发布缺乏常识的言论而遭到来自粉丝和舆论媒体的指责非难。

与之相反，也有很多人将自己平时的善行通过社交软件或媒体公布于世，从而获得了巨大的成功。居住在首尔的一名普通学生李民浩，在一个偶然的机会，发现指示公交站方向的箭头标牌被损坏了，他感到很不方便。有一天，一位上了年纪的老人因箭头指示错误而乘坐了反方向的公交车，饱受颠簸之苦。看到这些，他心里很难过。

于是，李民浩在网上买到了和公交车路线图的箭头最为相似的贴纸，并自己骑着自行车把贴纸一个个地贴在正确的位置。看到自己的贴纸很容易被雨水打湿之后，他又请求贴纸制造厂家制造耐用且防雨的贴纸，并将它们贴上。此外，在贴贴纸的过程中，他还发现了其他很多有碍市民生活的不便事项，并就这些问题向首尔市政府提出了建议。李民浩同学的这种善行通过社交软件和舆论媒体广为人知，他还因此在2012年和首尔市长一起接受了网络采访，受到了首尔市长的亲自表彰。

李民浩同学因自己的善行所收获的还不止这些。此前，他因个人简历不够精彩，每次求职都被拒之门外。自他的事迹广为人知后，某天他突然接到了一个大企业的电话，大意是希望邀请他加入该公司旗下的社会贡献部门一起工作。

李民浩同学通过自己的善举堂堂正正地获得了大企业的就职机会，可以说是人性胜过能力的典型事例。

3

人品就是经济

品行不端的负面影响

人品是决定个人成功和社会发展程度的重要因素。这是因为文化和经济的发展取决于社会的健全程度，而社会由个人组成。

一部分韩国游客在国外旅游时，因不遵守规矩而被人叫作"丑陋的韩国人"。在世界著名遗迹上刻字，在酒店内大声喧哗，偷偷拿走酒店的物品。由于这些韩国人的丑陋行为，我经常能看到诟病韩国游客的新闻。在东南亚寻求性交易的各国游客中，人数排在第一位的是韩国。还有一些令人无语的报道称，韩国人是最变态和最暴力的游客。韩国人的丑陋形象使得韩国形象一落千丈。

负面的国家形象反过来还会给社会和经济带来重大打击。直接影响是国外游客数量减少，韩国企业在与国外企业的贸易中吃尽苦头。韩国领导人开展外交活动时，负面的国家形象也有可能成为绊脚石。

不久前，金某投奔国际恐怖组织"伊斯兰国"并成为其中一员，正是这类案例之一。媒体之前已经公布了"伊斯兰国"肆无忌惮的恶行，在这种情况下，金某仍然选择加入了该组织，这对金某及其家人固然是不幸之事，但也同样给韩国的国家形象带来致命打击。所谓的年幼学生的失足，使国家颜面无存。

每每听到在大企业工作的精英将公司的核心技术卖给国外，从而收受巨额贿赂的新闻，人们已经见怪不怪了。关系企业命运的核心技术泄露，不仅给企业带来打击，也给韩国经济带来巨大的负面影响。如果企业因此破产，会导致成百上千人失业，从而致使经济瘫痪。这就是个人的恶劣品质诱发贪欲，致使国家经济蒙受严重损失的案例。

良心企业的成功案例

无数事例证明，优秀的人品会带来经济效益。在这里，我想讲一下具有代表性的鞋子品牌"TOMS SHOES"。汤姆斯鞋业是一家社会企业，其口号是"Shoes for Tomorrow"。它引入一对一模式，消费者每购买一双鞋，企业都会向第三世界儿童捐献一双鞋。

汤姆斯鞋业的创始人布雷克·麦考斯 (Blake Mycoskie) 在阿根廷旅行时，看见孩子们光着脚走路。孩子们光脚踩着脏乱的地面，脚上到处是伤口，还有很多孩子因为脚上伤口而染病。在那里，鞋子是上学的必备之物，没有鞋的孩子无法上学。一般人看到这样的情景，都会感到心疼，而布雷克·麦考斯却下定决心为孩子们做点什么。

2006 年，他创立了汤姆斯鞋业，在世界上首次引入了一对一捐献模式。最初，人们只是纯粹地感到奇怪，认为这样的企业无法运营，有人担心，有人嘲笑，不一而足。然而，2009 年汤姆斯鞋业的销售额超过 55 亿美元，到 2010 年累计捐献鞋子数量达到 100 万双。布雷克·麦考斯的善举让世界变得更加美好，同样也带来了强烈的经济效益。

　　另一个案例是给流浪者提供独立自主机会的《Big Issue》杂志。你一定见过地铁或闹市区人行横道前喊着口号卖杂志的中年人，他们就是《Big Issue》杂志的销售员。1991 年《Big Issue》创刊于英国，2010 年进入韩国，该杂志只向流浪者授予销售权，每份杂志售价 5,000 元韩币，其中的一半——2500 元韩币最终还会返还给销售员。

　　《Big Issue》的销售员不仅能获得销售收入，如果销售人员能够连续 6 个月以上勤恳地履行销售职责，积累存款，就可以获得租房资格。但是在销售过程中，他们绝对不可以喝酒和吸烟。到目前为止，仅在英国已经有 5500 人通过卖《Big Issue》杂志实现了自立，现在该杂志在 10 个国家和地区（英国、澳大利亚、南非、日本、中国台湾、韩国等）发行。没有任何经商经验的流浪者们成功实现自立，这给个人和国家都带来了巨大的益处。

　　韩国也有很多社会企业。2007 年 7 月，韩国开始实行《社会企业培养法》，获得劳动部认证的社会企业从 2007 年的 55 家增至目前的 1165 家。社会企业不仅向弱势群体提供就业岗位，提供社会上有需求的服务，也能够振兴地区社会经济。比如，为了防止不懂金融的老百姓陷入贷款诈骗或非法高利贷骗局而成立的平民贷款公立中介公司“韩国 egloan”；以持续雇佣弱势群体为目标，雇佣残疾人从事数码印刷、咖啡豆加工、糕点和面包制作等服务工作的公司“Bear Better”；制造绿色功能性产品，兼顾环保与健康的时装企业“Orgdot”等。这些美好的社会企业活跃于我们社会的各行各业，它们的善举让我们的世界变得愈加美丽。

4

如何评估人品？

人品源自尊重

人品的重要性无论怎样强调都不过分，那么什么是高尚的人品？字典里，人品就是"人的品行，每个人的思维和态度"。引用字典的解释，高尚的人品就是指具备优秀品行、卓越思维和良好态度的人。然而仅靠抽象的定义是无法进行品德教育的，社会应有一套划分和评估人品的具体标准。

我认为人品源于尊重。尊重是成为优秀人才必备的品质，不知道尊重他人的人不能称之为好人。尊重不只适用于他人，尊重自己才是高尚品德的核心。尊重自己的良心和价值观的人，不会贸然地加害他人，我认为品德高尚的人也就是懂得尊重的人。

尊重可以被划分为两个概念，首先是"孝"。孝是指尊重父母，尊重比自己年长之人或经验丰富之人。从这一角度看，孝也可称之为"纵向的尊重"。人们通过"孝"学习礼仪，自古以来，对父母尽孝的人在外面无不遵守礼节，破坏公共秩序的人大部分在小时候未能接受正规的

"孝"教育。尊重的另一个概念是"关心"。虽然很多人知道关心弱者，但是真正的关心是把他人和自己放到同等位置上予以理解和帮助。我帮助比自己困难的人，并不是因为他可怜，而是他与我是同样的人，本应有难同当。因此，关心也可以称之为"横向的尊重"。懂得关心的人协同心强，人际关系和谐。因行为利己而遭受团队白眼，抑或漠视他人痛苦的人是自私自利的人。

　　纵向的"孝"和横向的"关心"是人品的两大轴心，只有两大轴心稳固，才能形成端正的品行。只知孝不知关心的人协同心不足，只知关心不知孝的人礼节不足，今后品德教育和评估应注意这两点。

客观地评估人品可行吗？

　　在前文中，我对人品下了定义，现在到了想想如何测定人品的时候了。为了推进品德教育，我们应该对人品进行更加客观的测定和评估。但是，看不见摸不到的人品应如何评估呢？

　　大多数人认为评估人品是不可能的，我认为它虽然很难却不是不可能。很久以前，我们就为了测定不可测之事而努力，也创造出一些有价值的成果。其中，最具代表性的成果是测定智力的 IQ 和检测性格类型的 MBTI（迈尔斯布里格斯类型指标）。

　　人们从很久以前就开始试图测评人品。美国为此努力了八十多年，例如托业、托福的承办机关 ETS 开发的人品评估指数，即 ETS PPI(Personal Potential Index)。ETS 受美国研究生院院长和入学事务官的委托开发了该指数，在美国研究生院入学选拔中，该项目和入学申请书具有同等效力。ETS PPI 从知识与创新性、沟通能力、团队合作能力、适应能力、策划与组织能力、伦理与诚信等六个方面对学生进行评估。

　　韩国也有类似的人品评估工具。2013 年韩国教育开发院在《中央日报》和庆熙大学共同研发的人品指数基础上，研制出了人品评估 70 问。目前这一问卷与《人品教育振兴法》一起正在讨论中。此外，各方人士希望能够通过多角度提问来评估人品，并为此付出不懈努力。

　　有人指责人品评估这一举措，他们认为智力和性格在某种程度上虽然能被客观评估，但是人品却不行。然而，我认为，既然社会上对高尚的人品有其定义与判断，那么人品评估就是可行的。只有人品评估做得好，品德教育才能够顺利开展。"评估人品后再进行道德教育"与"不进行评估直接授课"之间，有着很大的差异，就好像"掌握了学生的知识水平之后再授课"和"没有把握学生的知识背景就讲课"两者之间的差距一样。

　　如果只采用多角度提问的方式评估人品，很难得出正确的结果。因此很多机构通过面试来了解应试者的品性。面试是最悠久和重要的人品评估方法。通过说话的态度或内容，可以推测出应试者的人品。借助面试来评估人品、选拔新生的大学也在不断增多。

　　首尔教育大学仅通过"入学审查官"制度来选拔预备教师，比如在入学面试中给出"关心"方面的话题，假设考生是小学老师，让其试着描述老师关心学生的场景。

　　首尔女子大学在面试中会询问考生"与他人完成共同目标的经历""很多人一起解决某件事情的经验"等。韩国大学也认为，人品好的学生将是引领未来的核心人才。

　　评价人品的另一个方法是利用记录。我们可以通过志愿活动记录、学生手册、企业中的业务评价等，了解到这个人平时的行为或价值观。

最近被汉阳大学录取的小赵同学就是记录证明人品的典型事例。

小赵自幼对跆拳道感兴趣，与学习功课相比，他更喜欢跆拳道，是典型的跆拳道少年。但由于个人原因，他在中学时代放弃了跆拳道。之后，尽管小赵也像同龄人一样努力学习，但成绩并不理想，在班级里始终处于中下游水平，高考成绩也不是很理想。之后，小赵同学复读，为考上理想的大学而努力，然而第二次高考成绩仍然未能达到他的期望。

但是，小赵同学具备很多他人所不具备的优秀品质，所有的事情都冲在前面。他帮助困难同学，积极乐观。令人感动的是，高中三年期间，他像照顾亲弟弟一样照顾一位有自闭倾向、受同学排挤的同学，让他与其他人能够和睦相处。小赵同学平时的善举被原原本本地记录在了他的学生记录里。

在复读培训班里，小赵同学的真诚也绽放出光彩。培训班的一名老师被小赵同学阳光的笑脸和诚实的态度感动。在课下，他对小赵同学的前途和高考提出了很多宝贵的指导意见。在培训班老师的帮助下，小赵同学申请了汉阳大学体育教育学专业。而汉阳大学的考官在看了小赵同学的学生记录和自我介绍后，大为感动，录取了赵同学。汉阳大学人才选拔官员说："不看成绩只看资质，小赵同学完全可以成为一名优秀的老师。"和成绩相比，老师这个职业更看重是否能为他人付出和是否具备诚实的品质。

像小赵同学一样，利用面试和记录，我们可以发掘出更多容易被忽视的高品质人才。如果前面提到的"人才评估问卷"能进一步发展为综合性的人才评价体系，那么我们的品德教育必然会得到进一步的发展。

5

如何实现品德教育？

不仅为了自己

位于美国马萨诸塞州的菲利普斯学校是美国最具名望的私立高中。菲利普斯学校成立于 1778 年，以历史和传统而闻名，培养出了布什总统父子等诸多人才和名士。世界各国英才费尽心思想要进入这所名门高中，但是菲利普斯学校并不会只因你学习好就录取你。

菲利普斯学校对 SAT 考试不设置最低录取分数线，相反更重视教师的推荐信和面试。由毕业生和老师组成面试委员会，会对应试者进行一个小时的面试，通过应试者的自我介绍来评估学生的品性和潜力。即使学员成绩十分优秀，如果面试和自我介绍中暴露出人品缺陷，那学校也不会录取。

菲利普斯学校的教育方法也与众不同。所有的作业和考试都没有正确答案，而是以自由论述或者讨论的方式进行，成绩评定是看学生的应用能力和证明自己主张的能力。在课余时间里，学生们可以做自己想做的事，享有充分的自由。学校拥有曲棍球、游泳、壁球、篮球等 50 多种体育运动设施。值得我们注意的是菲利普斯学校的校训——Non Sibi，拉丁语"Non Sibi"用英语解释是"Not for Self"，翻译为汉语是"不只为了自己"。这句话十分具有美国名校的风范。与大多数校训只是听起来好听不同，菲利普斯学校为了实践校训"Non Sibi"的精神，做出了很多努力。学生们为了落实校训，自发地清扫学校、整理图书馆、参与志愿者活动。

菲利普斯学校的学生们在校 4 年期间住在宿舍，接受严格的礼仪教育，以成为具有优秀品质的人才为骄傲。菲利普斯学校的毕业生大部分进入世界最高学府，大学毕业后在社会各个领域发挥着自己的作用，引领着超级大国美国的发展。

这并不意味着我们要按照菲利普斯学校的模式发展，因为美国与韩国的教育环境和文化截然不同。但是不得不提的一点是，菲利普斯学校比我们更加重视对人品的教育，纵使是成绩优异、聪明伶俐的人，如果人品不端正也不是一个成功的人。

相反，我们又如何呢？品行不端的人如果有钱或者出身于名门大学，我们的社会就会认可他的成功。新闻里穷凶极恶的罪犯和惨烈的事故不会让社会呈现病态，但以"学历"取人、蔑视贫穷、因为地位高就把人像奴隶一样对待的行径，却会让社会滋生恶性肿瘤。在这种环境下，即便再良好的品德教育，又能够起到多大的作用呢？

从自己做起

到底是教育先行还是社会环境先行，我认为这样的争论毫无意义。教育界人士无疑要尽最大的努力，但为了改善社会环境，每一个社会成员也要从自己做起。就像很多伟大的事迹都是从细微处做起一样，我们也应该从小事着眼。

本着不再有人因为恶意的网络回帖而遭受痛苦的初衷，我发起了"善意回帖运动"。最初，只是在教室里与学生们一起开展活动，到现在成立了"善意回帖运动本部"。我们每天接触的互联网世界都在潜移默化中给我们的社会和个人的生活带来巨大的影响。

在网上无礼地辱骂素昧平生之人，这种恶意的回帖行为源自于恶劣的人品。孩子们尚未树立端正的品行，看到这些恶意回帖后就会效仿。如果我们不能从根源上杜绝恶意回帖，那么道德教育的效果就会大打折扣。

我仍然相信真心的力量，

善意回帖运动就是最有力的证据。

当看见某位女歌手因为恶意回帖而离开人世的新闻时，

我痛心不已，真心希望此类事件不要再发生。

正是这样的"真心"促使了善帖运动的诞生。

第三章

善有善报

1

震惊的那一晚

2007 年 1 月，韩国国家广播电视台的《9 点钟新闻》里播出了一条消息。名叫 U-Nee 的年轻女歌手因无法摆脱恶评的困扰而自杀。新闻中指出网络上针对她的恶意评论是导致该女子自杀的导火索。这条新闻使我大为震惊，悠悠众口竟能把一个人逼迫致死？看了报道，知道该女歌手的网站和博客相册里充满了让人难以启齿的脏话和恶毒的流言蜚语。更让人震惊的是即便她去世之后，仍有人不断地恶意回帖。

作为教育工作者，我无法无动于衷。我感到即便自己力量微小，也应该做点儿什么。所以，我给听我课的 570 名学生留了一个作业，让他们访问因恶意回帖而饱受痛苦的 10 位名人的主页或博客，写下人身攻击性质的回帖为什么不对，并给主页或博客的主人留下鼓励和充满力量的话语。

学生们感到既纳闷又有趣。尽管是作业而不是自发性的活动，但终究在网上上传了 5700 条善意的帖子。当初我以为这 5700 条善意的回帖只局限于 570 名学生和 10 位明星之间，没想到事情扩大了。学生们开始谈起一些变化，"以前不觉得恶意回帖是不好的事"，"善意回帖十分必要"，"非常感动"等等。

我经过学校宣传室时，偶然遇到了《朝鲜日报》的朴秀灿（音译）记者。他听说了我给学生布置的善意回帖作业，认为此举非常棒，在报纸中对此进行了报道。紧接着多家媒体进行了报道，称赞此举是"优秀的课题"、"很好的运动"、"社会所需要的运动"。而其中几家媒体更是以"这个时代需要的运动"为论调，刊登了社论。

我从2005年开始从事被称之为"助兴"的市民运动，用一句话概括就是"不要拖后腿，让他人变得更好"的运动。有一次，我在美国遇见一位韩国侨民组织会长，他说自己当初在参加会长选举时，另一位候选人曾向韩国检方检举关于他的毫无根据的内容，导致自己被传唤回国内，造成了相当大的麻烦。还有一次，看到一条新闻说，两人共同拥有一幢建筑，其中一人要求扩建自己的那一部分，另外一人同意了，并且在文件上盖了章。可是，当另外一人需要扩建时，对方却把他告到了区政府，以阻碍扩建。

据2013年韩国大法院的司法年鉴显示，法院一年处理659万件诉讼案，其中民事案件达到了70%。即便说韩国是个诉讼共和国也不为过。对于那些理所当然的拖别人后腿的行为，我感到很遗憾，所以我发起了这个"不要拖后腿运动"。针对这种妨碍别人成功的心理，英语里有个词叫作螃蟹思维（crab mentality），意思是如果在篮子里放入一只螃蟹，那么这只螃蟹会立即逃脱，但如果放入两只，它们就谁也逃不掉了。这是因为其中一只想要逃跑的话，另外一只会死死抓住它不放。

我当时为了给这个运动起个合适的名字煞费苦心。曾经想过很多个名字，比如"不要拖后腿"、"从背后推一把"、"让他人更好"等，恰巧当时中央大学的校长朴范熏向我推荐了"助兴运动"这个名字。朴校长一生致力于推广普及韩国传统音乐，"助兴合唱"是在传统音乐板索中歌者唱歌的间隙，鼓手插入"好啊"、"嗨哟"、"对啊"、"妙哉"等说辞，用以增强歌者气势、助兴的环节。"助兴运动"这个名字正好与我"不给他人拖后腿，给予他人赞扬和鼓励"的想法不谋而合，因此当时就确定下了"助兴运动"这个名称。我找到了韩国文化部前部长李御宁先生、朴范熏校长、新韩银行行长申常熏，说明了这个运动的宗旨，邀请他们一同参加，2006年9月6日助兴运动在新韩银行举行了启动仪式。

当时新韩银行正面临着同第一银行的合并，为如何消除两个企业文化间的不和谐之处而苦恼。我向申行长建议，这个时候正好可以在新韩银行内部开展助兴运动。因此，新韩银行首先拉开了助兴运动的序幕，2006年9月6日新韩银行获得了"大韩民国企业助兴1号"的认证，正式开始了助兴运动。这一运动使两家银行消除了合并后带来的矛盾，顺利实现了软着陆。

在新韩银行内部网上挂有一个助兴运动的论坛。当时，员工们在论坛上上传了数十万条褒奖的话，奠定了新韩银行企业文化运动的基础。之后，交通公团、南原市等地方自治团体也开始参与到这一运动中。

2007年初，因饱受恶意回帖之苦而自杀的女明星事件，促使助兴运动发展到一个新形态，即善意回帖运动。为了正式开展善意回帖运动，我想到了首先要联合饱受恶意回帖伤害的演艺明星们。我最先联系了电影明星安圣基，他说"这是一个好想法"并爽快地答应参与。之后，我又联系到了演员刘东根和主持人金济东，以及出演KBS《美女的唠叨》的外国嘉宾，与他们一道于2007年5月23日在韩国新闻中心成立了善意回帖运动本部。

就像我在之前的作品《丑陋的韩国人 丑陋的美国人》中提到的，

我作为一名教英语和世界礼仪的老师，常会密切注意那些给他人带来伤害的言语和行为。看到因为他人的拖后腿行为而饱受痛苦的人们，我感到很难过，所以当时 KBS《九点钟新闻》中报道的女星自杀事件就成为了善意回帖运动的导火线。

我也想过那些人的目的，怎么能向与自己毫无关系的人说出如此残忍的话？这些人的内心有什么不满呢？怎样才能阻止这种恶劣的行径呢？那天晚上的震惊令我思绪万千。

有报道称，那些在网络上肆意谩骂的人多是性格内向、安静或者自尊心脆弱的人。他们在不同的网站流窜，留下恶毒的话，即使人死了仍然不放过。对于这一点，我无论如何也难以理解。我想起了一句话，战胜邪恶最有力的武器是善良。

就说说能够打败恶意回帖的武器是善意回帖。"看到充满善意话语的文字，即便想要恶语相向也会变得愧疚吧"，又或者"那些因为流言蜚语产生极端想法的人看到一条善意的抚慰，也许会有不同的想法呢"，"即使是没有什么想法，只是看到一条美好的话，也会感到支持的力量吧"，"至少坏心情会消失不见了"。我秉着这样的初衷产生了善意回帖的想法，经过一整夜的思考，我怀着轻快又沉重的脚步走向学校。

第二天，我问学生们，有没有在网上发过恶意回帖？他们彼此看了一眼后，笑了。我又问，有没有发过善意的回帖？他们笑问什么是善意回帖。我告诉他们，如果恶言恶语是恶意回帖的话，善良美好的语言，鼓励、支持、赞美的话语就是善意回帖。可见学生们当时要么恶意回帖，要么冷眼旁观。为什么学生们从来没有发过善意回帖呢？在网络上能够聚集人气的话题才是赢家，而善意的表达则难以收获人气，而且学生们都知道网络的特点之一就是无法识别真实身份，这就意味着谁都可以肆无忌惮地做坏事。尽管现实生活中的自己满是缺点，但在网络中，一些人却可以随便评判和辱骂他人，仿佛成为了强者。

一般来讲，在虚拟世界中，除了自己以外，其他人或事都被排斥在外。换言之，因自己的话受伤的人和那些投向自己恶行的视线，都与"我"无关。因此，人们反而很容易享受肆意妄为的状态，迷恋上整天做坏事却不用负责任的感觉。

"我"是现实中的"我"，对方也是现实中的人，但"我"对这一切却毫不放在心上。即便对方因为"我"的恶意回帖而失去了生命，也没有丝毫的负罪感，反而认为这些都不是自己干的，而是网上的某个"强者"做的，就此不了了之。在这些人看来，这世上的相互理解、相互关心、相互鼓励和安慰都是输家的表现，一旦善良就成为了网络世界的弱者。

但是他们并不明白，不，他们是不想明白，自以为的那套理论并不是全部。一些人仅仅因为恶意的评论结束了生命，一些人患上了忧郁症远离了人们的视线，还有一些人得了重病难以痊愈。我想告诉他们，网络世界同看得见摸得着的现实生活一样，善良才是胜利的一方，美丽的心灵和行为才是成功的开始和结束。我希望善良的语言能够让看见善意回帖的10位名人走出忧郁。

但是这一做法的结果远比我预想的影响深远，它唤起了人们对美好事物的心声，也让我相信善意的成功是存在的，其声音回荡于世间。

2

源自大学教室里的文化运动

刚开始让学生做善意回帖作业时，学生们都很迷茫。大家以一种"怎么会有这么稀奇的作业？"的眼神看着我，也有的学生以为是开玩笑。我想起了那天晚上看到那条令人震惊的新闻后五味杂陈的感觉，告诉大家为了让这种事情不再发生，我们需要从小事做起。

虽然只是让听我课的学生写上一条条善意的回复，但作为一名老师，事情再小也要做，我不希望再看到年轻的生命被一双双年轻双手下的恶毒话语所谋杀。570 名学生给 10 位明星进行了善意回复，尽管这仅仅是茫茫大海中的一颗石子，但我认为是值得的。

学生们和我预想的一样，只是当作作业来完成。因为不是什么难事，他们也没想到会是多么重要的事情。但是做过作业的同学心态开始发生变化，这是我和学生都始料未及的。

在给出善意回复之前，学生们要看过恶意帖子，告诉恶贴的主人这样做错在哪里。为此，学生们必须仔细阅读，了解内容。在此期间，学生们明白了"嫉妒心理竟可以让人变得如此低劣"，也有的学生认为，放任他人去伤害那些鲜活的生命，自己也是"潜在的共犯"。就好像在首尔地铁上，很多人看到有人猥亵女性却装作没看到，或低头看手机，或转头凝视他处的做法一样。

其次，为了给明星们送上鼓励的话语，学生们要了解相关艺人的背景，发现他们的优点。学生们以自己发现的优点为基础回复善意的帖子时，自己也会感到一种满足和欢喜。有的学生甚至感同身受，对恶意回帖深恶痛绝。虽然大家的反应不同，但共同之处是不会再写恶意回帖了。

570 名学生带来的变化不仅影响到学生自己，也影响到其他的网民。当一些网民看到谩骂中的一点称赞的话语，就会有人转变态度。那些谩骂的话语被美丽的文字划分开来，让人感到充斥着恶意内容的网络世界一点点得到了净化。

赵明德老人孤独了一辈子，以卖紫菜包饭为生，却捐献了 14 亿韩币给韩国外国语大学。这条新闻一出来，有些人就在下面留下恶言恶语："奶奶，醒醒吧"、"想让儿子出名吗？有什么目的啊？"、"想要捐钱就不要让人知道，一被人知道就不怎么样了。"还有一条新闻是患脑瘫的夫妇生下了漂亮女儿，在评论栏里竟有人回复到："你们不生孩子人类也不会灭亡。"然而，在这些恶评后面，我们却会发现来自学生的温暖回复。

赵明德老人的报道下，有人这样写道："将毕生积蓄都捐献给大学生，这种事谁都能做到吗？"、"伟大的赵奶奶，因为有你世界才更美。"、"说脏话的人，醒醒吧。"

脑瘫夫妇的报道下也有类似的评论，"在这对夫妇的勇气面前，自己变得好渺小"，"祝孩子健康成长"。这些善意回帖使得清一色差评论坛变了面貌，也为培育健康的讨论文化提供了助力。

　　最初只是怀着单纯的想法开始的善意回帖运动，正在改变着网络文化。

　　对于这一始料未及的结果，我感到紧张的同时也内心酸涩。我相信，善意回帖运动是这个时代迫切需要的运动。我从舆论的支持中获得力量，正式开始思考善意回帖运动，希望用支持代替诽谤，与更多的人一起实践善意回帖运动。有一位中学教师对我说："这原本是我想做的运动，您先着手了啊。"媒体和社会各阶层人士对这一运动不吝溢美之词，并给予我很大的鼓励。正是由于他们的支持和赞扬，善意回帖运动插上了翅膀。也可以说，我在从事这项运动的同时，喜欢上了人们的鼓励和支持，它让我更加充满力量。写下赞扬之语时，我也对艺人的心情感同身受。

　　作为时代需要的产物，我发起了善意回帖运动，为更多的人能够参与进来一起活动提供了一个平台。我怀着悲痛的心情布置的作业，借助互联网改变了很多人的想法，成为了一项温暖社会的文化运动。

　　我常常在想，善意回帖运动能够跻身全国性互联网文化运动的力量源泉是什么呢？我想是赞美和支持。虽然我们经常低估赞美的力量，但它却最终化作回报，还是不花钱的免费回报。称赞的人不费力就可以给予，被称赞的人可以毫无压力的接受，世上没有比这更美妙的了。

　　世上虽然有很多东西都可以作为回报，但像赞美一样，人人都喜欢的回报却很罕见。无论是成功大企业的老总、百岁老人，还是流鼻涕的小孩儿都喜欢被赞美。我一路走来，赞美和支持是我极大的动力。100万读者阅读我写的生活英语书籍，他们的支持让我十分感动。

　　赞美最大的优点是被称赞之人会"投桃报李"，也会反过来称赞对方。我想报答支持我的众多读者们，我认为报答他们最好的方法是"善意回帖运动"。通过善意回帖运动树立起健康干净的互联网文化，不就是对一直以来支持我的读者们，对我自己的小小"回报"吗？我只是布置了作业，学生们也是当做作业来完成任务，但最终却成为学生们"明悟"的动机。

和预想的一样，570 名学生在 10 位艺人的报道下留下 10 个善意回帖，尽管轻而易举，但这其中包含着大量的正能量。只是应付地说一句"加油"、"支持你"很容易，但是为了达到鼓励他人的目的，学生们学会了换位思考，斟词酌句，在不知不觉中也改变着自己。

3

年轻的真实与力量

有句话叫"真心相通",但是我们现在反而生活在真心被轻易践踏的社会里。由于一些人无视和利用他人的真心真意,致使真心失去了光彩,为此我感到很难过。

但我仍然相信真心的力量。善意回帖运动就是证据。正是因为看到女歌手死于流言蜚语而感到心痛,愿其不再发生的"真心"成为现在"善意回帖运动"的种子。善意回帖运动能发展为全国性的网络文化运动的动力也正是因为含有这种真心。要引领这么多人传递"支持和称赞",推动善帖运动的发展需要很多时间和金钱。

这对于我自己而言,是一件相当困难的事情。但是,我义无反顾投入这场运动的"真心",以及对我袒露"真心"的那些善良人们的"真心"汇聚在一起,成为了一种力量。从事善意回帖运动以来,我能够看到人们眼神的变化,我认为那是一种"承载真心的眼神",是真正对善意回帖运动感同身受的人才会有的眼神。拥有这种眼神的人越来越多,善意回帖运动才能够快速发展。

真心的力量是强大的。虽然不知道是因真心而使善意回帖拥有力量，还是在善意回帖中构筑起真心，我发现善意回帖所到之处，发帖人年龄越小，自身的变化就越大。有学校通过认真参与善意回帖运动，使得校园暴力事件就此消失。听闻这一消息，我大吃一惊，也真切感受到年轻人这种纯粹的真心，这就是证据。

学生们不仅给艺人们回复善意回帖，还在和朋友的SNS对话中展现善意回复的力量。将他人的优点放大，给予鼓励和赞美，自己也能因此感受到内在的愉悦。如果经常进行莫名的批评、无理的苛责、嘲弄和揶揄，自己也在不知不觉中变得暴力。但是如果能做几条善意回帖，那么自己的善良就会被放大。虽然学生们刚开始对彼此的称赞和鼓励感到难为情，但在朋友的支持下做成了一些事后，都隐约地感受到了这种力量。

怀着一颗真心做善事，其效果令我大吃一惊，善意回帖改变着学生们的品行。根据蔚山教育厅的资料显示，以学生为对象开展善意回帖运动的结果是，从2013年3月到7月，蔚山地区小学、初中、高中的校园暴力案件数量减少了64%。语言暴力受害率由开展善意回帖运动前的40.7%降低到开展后的5.6%。

几十年来，动用各种方法都无法解决的问题，在开展了善意回帖运动后得到了解决。这得益于善意回帖运动的良好效果，还诞生了"善意回帖指导教师"。现在登记在册的拥有善意回帖指导教师的学校多达1600余所，全国6000多所学校约50万学生参与到善意回帖运动中。

通过参加善意回帖运动，不仅改变了网络文化，也使得人们的心态发生了变化，这就是善意回帖的力量。所以，一部分学生虽然是出于"完成志愿服务"的目的而开始做善意回帖，但在遵守善意回帖要求的过程中，自己也发生了改变。

学生们不是简单地写写"妈妈我爱你"、"朋友，我喜欢你"、"尊师重道"，而是在网上或 SNS 上检索出含有恶意评论的报道，在阅读新闻和恶意评论后，针对那些片面批评和人身攻击的行为进行思考，告诉他们为什么他们的文字是恶意回帖，然后发出支持的呼声。通过这一系列的行为，学生们的自豪感油然而生，感受到自己也能为他人做点事情。

就好像捡过垃圾的小孩儿不再扔垃圾和珍惜环境一样，一旦开始了善意回帖，自然就会远离恶意回帖，这就是我所说的善意回帖和真心的力量。

善意回帖运动开展 7 年来，已经实现了 600 万善意回帖的阶段性目标，我相信距离实现 1000 万善意回帖的目标已经不远了。不久前，我遇见了最初刚开始善意回帖运动时，一起商议、给了我很多宝贵意见的一家日报社的记者。他这样说道："我原以为您第一次做善意回帖运动后，做几次就会停了呢，没想到一直满怀热情地坚持到现在，我非常佩服您。"

这是对我的赞美，我笑了。也有人说："善事也要有勇气才能成事，教授您很了不起。"更有人问我："善意回帖运动的收益模式是什么？"

我是这样回答的："没有收益，善意回帖运动是花钱的活动。"

也许周围有很多人都是这么想的，以为我做几次就会不干了。世上第一个吃螃蟹的人总是孤独和寂寞的，没有人可以咨询，也没有参考资料。但是我反而更加兴奋，能做别人都没有做过的事情是多么让人兴奋的一件事啊！人们总有一天会知道我是在真心做这件事，并且要一直做下去。我是那种停车场里即便写着"车位已满"也要进去看看的人，"也许没有空位"和"也许有人刚好空出一个位置"的概率是各占一半。

我一直相信，机会总是有的，只要坚持到最后，总有一天会成功，试过后才知道。

4

善有善报

　　大田又松中学的学生们组织集体旅行。学生们远离了枯燥的日常教学，一心想着和朋友们尽情玩耍。然而，学生们万万没想到，他们乘坐的大巴会从 15 米高的悬崖上坠落。这一意外事故导致一些学生受伤，但大部分学生只是轻伤，接受治疗后都回到了家人身边。可是学生载允却身受重伤，在昏迷后失去了意识。为了唤醒带着呼吸机躺在病床上的载允，又松中学的学生们开始了善意回帖运动。

　　善意回帖运动本部和又松中学的主页上写满了同学们希望载允尽快痊愈的话。我和载允的班主任一起，赶赴载允所在的医院探望他。当时，载允依靠呼吸机维持生命，仍然处于昏迷中，载允的妈妈在一旁守护着儿子。我向载允妈妈问道："载允见好了吗？您要多保重。"载允妈妈说："好多了，周围很多人给予了很大的安慰，尤其是朋友们都在鼓励他。"载允的枕边放着很多贴纸，上面满满都是朋友们鼓励的话语。

　　放学后，朋友们会去探望载允，跟他说一些鼓励的话，"载允啊，回学校吧，起来我们一起玩儿吧。""载允啊，你能挺过来的！"每当这时，妈妈总会流下眼泪。然而不久后，奇迹真的发生了，完全没有意识的载允一点点动了起来。妈妈说:"朋友来看你了,你要是能听到我的话,就动动眼睛。"结果载允真的转动了一下眼睛。

医生曾经断言,载允的生存几率只有1%。然而现实否定了医生的话,现在载允已摘除了呼吸机,能够自主呼吸了。医疗团队称之为奇迹,所有的人都很惊讶,但是载允的同学们却不讶异,因为他们自始至终都怀着坚定的信念相信载允会好起来,这是朋友们的鼓励与医术共同创造的奇迹。

奇迹不仅限于此。在为载允祈福的过程中,又松中学的同学们意识到善意回帖的力量和恶意回帖的害处,不再恶意发帖。善意回帖改变了学生们的心态。

看见又松中学的变化和载允的奇迹,我想起了一句话"善有善报"。我从很早以前就相信,出于善意帮助他人的行为,本身就含有难以言明的力量。那股力量具有很强的感染性,成为很多人做善事的契机。即便是竞争心强、物质至上的人,其内心深处也是愿意帮助他人的。因为人总会被善事产生的能量所感染,卸下心防,最终向他人伸出援助之手。

最终,这个社会就是从一个个个体的善举中,开始一点点变得更加温暖和美丽。最近有研究指出,以互联网为基础的 SNS 等取代了面对面的沟通,导致孩子们的品行下滑,对此我很理解。语言对人品的形成具有一定影响。仅通过网络沟通,人们不知道自己的话会给对方造成多大伤害。所以,很多见面时难以启齿的话语,在网络上就反复地倾泻而出。这种语言习惯下形成的低劣品行必然会成为一个定式。

在互联网兴起之前,我们小时候都是面对面交流。我如果说了脏话,对方会伤心难过,别人看到这种情景也会认为我不对,因此我可以认识到自己的错误。但现在更多的是单方面地表达个人想法,即使是双向交流，也是通过表情符号来实现。我看不见自己说的话会给对方带来怎样的影响，只能看见自己说的话。说了不好的话，也常常以一句"开玩笑"一带而过，即使对方表现出不高兴，也总是以一句"这就生气了？"嬉笑而过。因为不是面对面交流，所以根本不懂道歉和和解的过程。

在网络世界，批评显得人犀利，赞美和鼓励显得人有些傻。不过几句评论就可以树立起自己在网络世界中的形象，人们当然希望自己看起来强势一些，实际上和真实的自己也许完全不相关。我只要在网络上看起来强势就可以，对方的感受压根就不在考虑范围之内，人们在网络世界看不到对方的痛苦。基于此，仅靠网络世界形成人际关系，人品自然会蜕化。

慢慢地，甚至连人际关系中那些美好、善良、温暖的基本美德都丧失了。在这种情况下，善意回帖运动点燃了人们胸中的热血。说好话，说善意的话，会让自己的心灵变得宁静。自己的一句话，也许会使朋友从死亡边缘中存活下来。看到这一情景的很多朋友，也像我一样为载允加油。换句话讲，即便载允感到痛苦，医疗团队也放弃了，但朋友的力量使他坚定了活下来的信念。朋友和社会让他变得温暖，他自然会想要成为一个好人。

我亲眼见证了孩子们创造的良性循环，也看到了更多的人开始理解这个道理，为了让更多的人做善事，应从自己身边的小事做起，帮助别人。

"善有善报"也适用于个人。我刚开始从事善意回帖运动时，很多人开玩笑似地说，为什么要做这么耗费时间和金钱的事情。也许在他们看来，我为了别人耗费自己的时间和金钱是闲得发慌了。但是我知道，我为他人做事，最终也对我有很大的帮助。我相信做善事所带来的巨大正能量。我坚守着自己的信仰，坚持做善意回帖运动，结果是它发展成为目前的改善网络语言文化的运动，而我也感受到了其中所蕴含的巨大意义。

很多人只看到眼前的成功，而忽视了远处的成功。为了实现更大的成功，不仅要投资自己，更要为他人付出。不断地做好事，好事带来的能量就会不断扩大。越来越大的能量最终将回馈给自己，也会给自己周边的人和社会带来巨大的影响。

相反，通过压榨、欺骗他人获得的成功并不长久。通过卑鄙手段获得的成功，自己内在并不满足，也得不到周围人的赞美和支持。所以，这类人虽然表面上获得了成功而意气风发，但内心苦涩孤独，没有人会想要这种徒有其表的成功。从现在开始，为别人做善事吧，你就会明白这个道理。这并不是说要抛弃自己的一切，为别人挥洒热血。我们周围仍有很多能够给他人带来欢乐，又能使自己成熟的小事，就像善意回帖运动一样。

5

你也能上 CNN

怎么样才能上 CNN 呢？

我在建国大学当教授。我讲授的科目是商务英语。在我的课堂上，有来自中国、西班牙、德国、美国、马来西亚等国的学生和韩国学生一起学习。当然，我是全英文授课的。每到新学期进行入学教育的时候，我一边整理、宣布新学期的学习内容，一边把我上 CNN 电视台，在节目现场接受采访的视频播放给学生们看。学生们都觉得很新奇，看过之后偶尔有学生会问："怎么样才能上 CNN 呢？"

说起来，能在 CNN 这样具有世界级影响力的电视台做节目并非易事，学生们也非常清楚。孩子们都希望能从我的嘴里得到正确的答案。"有一个非常简单的办法——只要有一个为了帮助他人而产生的创意，谁都能上 CNN。"

听到我的回答，一位学生半开玩笑地说："教授，比起提出创意，还是闯祸更容易上电视。"这句话引发了哄堂大笑。或许真的如这位学生所说，比起创新，还是闯了祸上 CNN 的几率更高。"但是，做了有创造性又对社会有益的事情而上 CNN 的实例这里就有一个，就是我啊。"
其实我从没想过自己能上 CNN，只是单纯地为了挽救那些因网络上的
恶言恶语而放弃生命的年轻人。我上 CNN，是为了向大众宣传善意回
帖运动。

　　当韩国媒体界将目光集中到善意回帖运动上的时候，外媒对此也很
感兴趣。虽然国外的网络环境不像韩国这么糟糕，但是我们经历过的事
情，他们也都正在经历。外国媒体的称赞之词更加感性化。自由的批判
对崇尚自然的他们来说，可能会演变成无理由的非难、嘲笑、人格侵害
等，看起来这已经是一个大问题。CNN 有关负责人联系到我说，善意
回帖运动是一个崭新而有意义的事情，希望可以到我这里来采访。

　　我和 CNN 的著名主持人鲁可蒂在首尔市政府广场录制了现场采访。
摄像机在身材高挑的鲁可蒂那一侧，我和她的身高差异看起来比实际还
要大。而且，她还穿着非常高的高跟鞋，至少在我眼里是那样的。

　　那时候，如果是韩国媒体的话，我可以要求把摄像机的位置设在中
间。但我当时并没有提出要求，决定顺其自然，结果反而更加有趣了。
我认为非常重要的，也恰恰是关注善意回帖运动的全球传媒界的兴趣
点。从单纯的大学课后作业而开始的这件事情，把我变成了接受 CNN
采访的"了不起"的人。不光 CNN，英国的 BBC、德国的时事周刊《明
镜》也对善意回帖运动非常感兴趣，到我这里来采访。网络恶帖问题不
仅在韩国，对于使用网络的所有国家来说都可能发生。

引起全球共鸣的善意回帖运动

　　善意回帖运动受到全球性的关注，同时我内心非常担心，人们会不

会认为我利用韩国名人恶帖猖獗、致人死命的事情来装腔作势。我还担心，善意回帖运动会令韩国失去"IT业世界领先"的称号；韩国网络发达，在人际沟通方面网络手段已经深入生活，其他任何一个国家都无法比拟，这会不会将韩国人的国民性和民族性白白推上断头台。但是，一想到能以接受各国媒体采访为契机，谈谈其他国家网络恶帖引发的事件，内心就踏实多了。

意大利14岁的少女阿姆内西亚和男朋友分手后，进入SNS询问"这样的情况该怎么办"，看到网民们回复的"去死吧"、"没有人会和你这样的傻子交往"等等的嘲弄和恶语，阿姆内西亚大受打击，从一座高层建筑上跳了下去。住在美国辛辛那提的18岁女孩杰西卡·罗根曾经把自己的身体照片发送给男朋友，两人分手之后，男朋友把那张照片发到了辛辛那提的所有学校里，由此而来的恶帖不断上传，导致杰西卡亲手结束了自己的生命。

比韩国网络环境更加闭塞，且青少年暴力已经成为社会问题的日本就更不用说了。世界各地的网络上发生的事情让人无比痛心。由此，我对善意回帖运动重要性的认识进一步提高了，自然而然地树立了让善意回帖运动在全世界范围内广泛传播的远大目标。在韩国，不单从统计数据上，透过孩子们与以往不一样的眼神，也可以清楚地看到善意回帖运动的效果。这种效果在全国范围内快速扩散。在韩国，什么都是快的。

孩子们在参与善意回帖运动的同时，学校暴力减少了，大学生们"愿意在那些随随便便回复的恶帖下面，发布鼓励他人的善意回帖"。善意回帖运动在韩国进展顺利，为了将这方面的经验传播到中国，我叩响了中国的大门，并且得到了热情的响应。平生难得一见的中国官员把我当作尊贵的朋友接待。

　　我之所以能被 CNN 采访，在中国受到礼遇，是因为这是一件能在网络上挽救生命的事情。从前，想要引起其他国家人们的兴趣，要么成为世界上屈指可数的富豪，要么成为最杰出的艺术家，要么就是闯下大祸，此外几乎无计可施。但如今，只要拥有善良的本意、创新精神和热情，被 CNN 采访的愿望也可能会实现。更何况是比我年轻、干劲十足的年轻人，可能性会更大。

　　我还在向学生们提问"如何上 CNN"。学生们的回答大体是否定的，但是我今天也依然信心十足地坚持："只要有创意，利他而非利己，就能上 CNN。"我希望，哪怕有一名学生能怀有这种伟大的野心也好。

　　善良会使人变得有名，这是毋庸置疑的。

6

大韩民国的中心地带，激荡着善意回帖运动的回响

善意回帖运动插上了翅膀

善意回帖运动插上了翅膀。也许是因为插上了善良的翅膀，在非常短的时间内就广泛地传播开来。起初从大学教室里570名学生一起开始的善意回帖运动，现在已经演变为全民性的网络文化运动。

2010年5月，由民间发起的善意回帖网络文化运动得到了韩国行政自治部的推动，首都圈（首尔）、江原圈（春川）、全罗圈（全州）、济州圈（济州）、忠清圈（大田）、岭南圈（釜山）等6个区域的一万多名学生和教师参与并开展了"善意回帖全国接力行动"。

善意回帖运动同时发展成为青少年网络文化运动。善意回帖运动本部号召全国小学、初中、高中学生在教师指导下成立善意回帖社团，持续开展善意回帖教育和校内外善意回帖行动等多项活动。

另外，为宣传善意回帖运动和捐赠文化，还开展了"善意回帖捐赠活动"。学生在善意回帖论坛上每回复一条善意回帖就存下10元，作为模范善意回帖学生和不幸青少年的奖学基金，以这种新的方式展开捐赠

活动。通过这样的善意回帖运动，变化最大的就是参与其中的青少年。

在发起"善意回帖社团活动"之前，曾经发过恶帖的学生比例达到了 25.2%。但在开展善意回帖运动之后，在网络论坛里发布恶帖的学生大幅度减少，降至 3.1%。在针对善意回帖运动是否有助于培养健康语言习惯的调查中，60% 的学生回答了"是"，可见善意回帖运动对形成健康的网络用语习惯是有帮助的。

蔚山教育厅称，开展善意回帖运动以后，学校暴力事件较上一年减少了 64%。根除网络恶帖的善意回帖运动，现在已经成为有望改善青少年语言文化、减少学校暴力事件的语言改善文化运动。

善意回帖运动像插上翅膀一样快速发展，我认为最重要的一个原因是与当前社会最大的问题——"沟通不畅"密切相关。所有的关系中都存在着矛盾。在减少矛盾、减少矛盾引发的摩擦和问题方面，需要庞大的社会成本。从幼儿园小哥俩的争论到国家间的战争，都是矛盾催发的，而矛盾都是由沟通不畅和沟通混乱引起的。

沟通的真正意义在于为达成相互间的理解而说话。这里的"话"作为能理解对方的、唯一的、绝对的符号发挥作用。但是如果不说话，无论如何也不会了解对方的想法。

一位娶了美国太太的韩国人，一年之后离婚了。准确地说，是被离婚了。原因是他从来不说"我爱你"之类的甜言蜜语。美国家庭的太太一天会听到好几次"I love you"，可是麻木冷淡的韩国丈夫每天却没什么爱的表示，被妻子误认为爱情降温了。

纽约的一个餐厅里，一个兼职洗盘子的韩国留学生在收拾餐具的时候，不小心打碎了碗，一旁的经理看着这一幕。如果这个学生什么话都不说，只是笑一下的话，会被当场解雇。

事实上，这样的事情每天都会发生。从留学生的立场来看，认为一个微笑可以表明自己的歉意，但是如果不说道歉的话，对方是不会理解的。即便说几句道歉的话，如果不是为了认真沟通，而是说些刺激对方、为自己辩白的没用的话，还不如不说。面对面交流的情况尚且如此，网络沟通就更不用说了。双方不见面，只是躲在机器的后面互相收发几个符号而已。别说是见到人了，在连名字都不知道的网络世界里，人们肆无忌惮地随便发帖。这样不断扩大的矛盾常常会引发争吵，彼此伤害，甚至致人死亡。

引发巴以冲突、乌俄战争的原因都是沟通不畅。韩国的朝野之争也是一样。特别是现在，网络世界的影响力越来越强，人们在匿名的假面下越来越不愿意与人沟通。沟通不畅最终导致人与人之间的反目和鄙视。

最具代表性的例子就是"恶帖"，不能接受彼此的立场和意见，甚至毫无理由地诽谤对方，这种恶帖会透过网络进入现实世界，让问题更加严重。恶帖已经成为新的凶器，善意回帖运动是根除恶帖最有效的对策。这种想法在我的脑中油然而生。

光化门善意回帖音乐会

2014年5月，"世越号"事件令全国人民心情无比沉痛，也让活力四射的光化门广场变得冷清凄凉。悼念死难者的悲伤情绪充斥着整座广场，大大小小的活动都被取消了。我在"世越号"事件之前，就已经着手准备光化门大型善意回帖活动。为了把这次活动办得更有效果，计划不仅在线上，线下也同步进行，举行"百万名善意回帖志愿者服务团成立仪式"。

　　我的想法是，既然搞这个活动，就好好搞，所以我想在韩国的中心——光化门广场举行。好不容易从市政府得到了场地使用许可，邀请嘉宾、学生以及音乐会等活动准备都已就绪。计划举行30分钟的成立仪式，余下一个半小时则留给"光化门善意回帖音乐会"。

　　活动日程提前就已经定好了，但是"世越号"事件突然发生了。善意回帖运动本部秘书长李赞成一脸忧虑，非常谨慎地说："现在不太适合搞这样的大型活动。"开教师会议的时候，大家都在看我的脸色，担心在这样的情绪之下搞这个活动，如果出了什么差错，会招来一片骂声。我也非常犹豫。

　　但是，"世越号"事件发生以后，恶帖泛滥。"'世越号'现场负责人妨碍救助和清理尸体"，或者把"世越号"牺牲者比喻成鱼丸等恶帖大量出现。这时候的恶帖对于痛失爱子的父母来说，无疑是又一次深深的伤害。恶意回帖的人激起了国民的共愤。

　　我想，这样下去是坚决不行的，如期举办这个活动的想法越来越坚定。虽然国民的心情非常沉痛，但是请大家停止恶意回帖的倡议活动谁会反对呢？

　　活动其实就是烧钱。无论规模多小的一次活动，都需要一笔费用。光化门广场的活动也是一样。我跟韩东权会长见面，请求他为光化门善意回帖活动给予经费支持，他毫不犹豫地表示愿意出一份力。周围有钱的人虽然也看到了，但实实在在愿意立刻为这件好事拿出一笔资金也并非易事。

　　韩东权会长作为一名优秀的企业家，一直都为善意回帖运动本部提供支持。就这样，在首尔市的中心地带——光化门广场如期举行了

"百万善意回帖志愿团成立仪式暨光化门音乐会"。尤其值得称道的是，本次活动以光化门为背景，获得了巨大成功。

在活动中，学生、教师、家长共计2000多人参加了成立仪式，当时恰好是市长和教育局长选举期。或许是出于这样的原因吧，市长候选人和教育局长候选人也都参加了活动。善意回帖运动国际友好大使、流行音乐歌手伊莎贝尔和ALI等著名歌手的热情演唱，在光化门的背景衬托下愈发感人，将本次音乐会推向了高潮。所有在场参加活动的人都深受感动。

5月31日举办的活动非常成功。"百万善意回帖志愿团"成立仪式是"世越号"事件发生之后，在光化门广场举行的唯一一场大型活动。这次活动让全体国民对于善意回帖运动产生了浓厚的兴趣。音乐会由默哀于始，"把悲伤埋在心里，要看到希望"，鼓励的话语萦绕在现场每一个人的耳畔。"善意回帖运动才是能把我们的心凝聚在一起的唯一的市民运动"，这句话打动了周围围观的市民，并将他们的力量汇聚到了一起。

市民们注视着我们手里高举的向日葵花，温情的眼神让初夏的傍晚变得暖意融融。虽然大家心情都很沉重，但是我们互相拥抱，安慰和激励的力量让每个人都获得重新站起来、直面未来人生的勇气。善念生善行，善行结善果，自然而然的良性循环在那个傍晚来到我们的身边。

善意回帖运动不会就此停止，京畿、大丘、釜山、大田、光州、春川等韩国主要城市都将举办"百万善意回帖志愿团"成立仪式。我认为数字并不重要，100万这个数字中蕴含的意义是人心的凝聚。

现在全国青少年上传的善意回帖已经突破600万条。工作人员把这些文字信息复制下来，上传到善意回帖运动本部的网站上。安慰、激励、赞美在网络世界的各个角落发出正直的声音，虽然还很小，但蕴含着巨大的意义。

我课堂上的 570 名学生给 10 位艺人每人发了一条善意回帖，善帖运动由此开始。每每想起这些，巨大的变化就让我的心温暖起来。回帖、收帖、读帖时，网友们怀着和以往完全不一样的心念，这是我的成果啊！每每想到这些，我都禁不住心潮澎湃。

在中国打开了新天地

善意回帖运动通过和中国国家互联网信息办公室的联系，舞台进一步扩大了。中国国家互联网信息办公室是统筹中国互联网政策的国家机关。2014 年，我和时任韩国放送通信委员会委员长的李敬在先生一同拜会了网信办主任鲁炜。李敬在部长详细介绍了韩国的善意回帖运动。鲁炜主任表示，中国也很需要善意回帖运动，当场询问我能否在访问期间做一场善意回帖运动的演讲。我认为这是把善意回帖运动介绍到中国的一个绝好机会，心情非常激动，但是日程上有点困难，于是约好了下次来北京的时候做宣传演讲。

2014 年 11 月，在网信办的关心和人民网韩国公司的直接帮助下，我终于站在了北京语言大学的讲台上，进行了一场关于善意回帖运动的演讲。很多学生来到现场，气氛非常热烈。演讲结束之后，一名学生找到我说："我听了您的演讲，觉得善意回帖运动跟习主席提倡的'传播正能量，实现中国梦'一脉相通，我也想积极参与到这个活动中来。"他的话让我非常兴奋。我也是受到赞美就会兴奋。他人的鼓励，是我坚持善意回帖运动的原动力。

　　借着这次演讲的机会，我受到网信办副主任任贤良的接见，就善意回帖运动在韩国的兴起以及在中国的有效推广方式进行了交流，同时向任贤良先生表明了意向，希望在中国也能够举办类似光化门"百万善意回帖志愿者服务团"成立仪式这样的活动。当时在现场参加交流的姜军局长笑着说："在中国，百万是个小数字。"我立刻把百万翻了十倍，提议举办"千万善意回帖志愿服务团"成立仪式。姜局长又笑着说："可以扩大到 2000 万人。"2000 万人！这是我根本不敢想的数字啊。

　　2015 年 4 月份，中国最大的在线经济类媒体经济网和善意回帖运动本部确定了签约仪式的日期。我想，趁着这个机会，应该拜会一下提议成立"中国 2000 万善意回帖志愿服务团"的网信办发言人姜军局长。所谓"趁热打铁"嘛，说完之后就应该立刻落实下来。我来到北京，在和经济网的签约仪式结束之后，就投入到和姜局长的正式协商中。我们探讨的主要内容是如何有效地在中国开展善意回帖运动。姜局长提议，首先以共青团（共产主义青年团，约 9000 万团员）、妇联（约 7000 万人）以及中国比较有代表性的社交平台新浪微博（超过 6 亿人）等主要团体为对象开展工作。我对姜局长给我创造这样的机会表示感谢，并邀请姜局长参加即将于 5 月 23 日在韩国首尔光化门广场举行的善意回帖活动。这是继去年之后的第二届活动，计划邀请全国 2000 名青少年和中、日、韩三国的大学生们一起进行"中日韩青少年善意回帖和平宣誓仪式"，并现场发送善意回帖短信。可以说，活动现场发善意回帖比任何时候都意义重大。去年年末，曾经听过我演讲的北京语言大学的同学们也将参加"中日韩青少年善意回帖和平宣誓仪式和手机善意回帖发送活动"，人民网租用了卫星，将对此次活动进行实况转播。

　　我回国之后，网信办来电话说，希望我能在 5 月 23 日光化门活动开始之前，在北京共青团、妇联、新浪微博等团体中宣传善意回帖运动。并建议我于 5 月 20 日，在号称"中国版推特"的新浪微博上和中国网友们见面，就善意回帖运动进行讨论。21 日，分别向共青团和妇联两大团体介绍善意回帖活动。我的心情非常激动，我向中国网民正式介绍善意回帖运动的好机会终于来了。

我立刻赶往北京，落地之后直奔新浪微博总部。在新浪公司的正门口，微博总部的主要领导都出来迎接我，大部分都是 20 多岁的年轻人。这么年轻的一群人管理着拥有 6 亿会员的中国最大的公共社交平台，真是太了不起了。在举行了新浪微博和善意回帖运动本部间的"善意回帖活动合作协议"签约仪式之后，我和微博的网友进行了实时交流。网友们提出了很多尖锐的问题："现在，中国的互联网也不实行实名制，在这样的情况下，如果在网络上受到侮辱或恶帖诽谤，应该如何保护自己的名誉呢？"，"收到恶帖该如何保护自己呢？"

在微博交流结束之后，我们举行了记者见面会。中国 9 家主要媒体记者等候在那里。"应该如何应对诽谤呢？"，"对于公共问题，是批判还是诽谤，该如何区分呢？"，"惩治恶帖的法律法规是否太宽松？"等等，各种问题接踵而至。

第二天上午 10 点，在网信办，我向共青团、妇联、新浪微博等主要部门和媒体领导介绍了善意回帖运动，他们就善意回帖运动在韩国如何推进，以及在中国如果有效推广提出了很多问题。

23 日，"中日韩青少年善意回帖和平宣誓仪式"终于在光化门广场如期举行了。我从清早开始就和学生们一起参加了从东大门到光化门广场的"善意回帖徒步行走大会"。这项活动旨在向使用智能手机患上龟脖症、腕管综合征的手机控们宣传保持正确姿势的重要性，并且通过体操矫正身姿。

善意回帖徒步行走时需要保持"基本姿势",即像背上背着行李一样,两手在身后握住,把肩膀拉开了走。善意回帖徒步行走的姿势来源于朝鲜时代士大夫们直腰、挺胸、抬头、目视前方的走路姿势。慢悠悠地迈着八字步走路和急匆匆地用"11字"的方式走路,是士大夫和普通人的区别。善意回帖徒步行走大会是生活医学专家郑恩彩(音译)教授提议举办的,希望通过善意回帖徒步行走让大家关注"士大夫们走路姿势的背景和益处"。

之后,庆祝世界反法西斯战争胜利70周年、通过善意回帖运动引领中日韩和平的"中日韩青少年善意回帖和平宣誓仪式"在光化门广场拉开了序幕。

中国驻韩国大使邱国洪,韩国国会议员金椿镇、朴昌植、闵丙珠,中国国家互联网信息办公室发言人姜军等先后发表了贺辞,接着举行了中日韩青少年善意回帖和平宣誓仪式。在"发送文字短信"的活动中,学生们互相发送了"希望中日韩三国更加友好"、"期盼善意回帖运动让东北亚地区更加和平"、"我为你加油"等鼓励祝愿的信息。

本活动在北京语言大学、韩国光化门和日本九州大学三地同时展开。北京语言大学学生们的善意回帖宣誓和发送短信的实况由中国人民网通过卫星实时传送到了韩国光化门活动现场。通过传播鼓励和关心的善意回帖运动,青少年们宣誓要在实现东北亚和平方面身体力行、贡献力量,这项活动可谓意义深远。

我想,在中国最少也应该累计发布一亿条善意回帖,所以我向人民网韩国公司总经理周玉波提议制定"一亿条善意回帖"的目标。如果可能,我想参照以美丽的光化门为背景进行的善意回帖音乐会,在中国的紫禁城和中国人一起举办一次规模盛大的善意回帖运动。韩国那句老话——"坏人难有好下场，好人自有好结果"也渐渐走向了世界。

勿以善小而不为，勿以恶小而为之

中国三国时期的刘备在临终前说过："勿以善小而不为，勿以恶小而为之"。我的想法也是一样，哪怕是做小小的善事也是非常重要的。

善意回帖运动有了回音。我和我的学生们携手在首尔发出的声音，在地球村人口最多的中国得到了回应。彼此赞美、激励、加油的世界，难道不是人人梦想中的世界吗？

7

善红薯、善洋葱、善人

良言的效果

一天，李赞成局长拿着一个装了洋葱的袋子来到善意回帖运动本部办公室，给一个简易咖啡杯里倒上水，好像是要栽培洋葱。他说，好话和坏话对植物也能产生影响。我对这句话感到很好奇。李局长把两颗洋葱栽到咖啡杯里，对其中的一颗每天都说好话，对另外一颗每天说坏话。虽说这件事只是源于单纯的好奇心，洋葱稍稍长大一点的时候，表现出了非常明显的差异，这让我们非常惊讶。"你真好"，"你长得真漂亮"，"你好可爱啊"，听着这些好话长大的洋葱发出了令人喜悦的绿芽。

相反的，每天只听着"你真坏"、"太难看了"、"讨厌你"这些坏话的洋葱长出了毫无生机的黄色的芽，而且发芽时间也比较晚。时间长了，两个洋葱的差距越来越大，只听好话的洋葱比只听坏话的洋葱发的芽足足长了一倍以上。后来经过了解之后，我才惊讶地发现，相似的例子很多，还听说有一些农民给作物听古典音乐促进其生长。

我们找到的若干实例中，我印象最深的是浦项制铁足球俱乐部"赞美红薯"的故事。浦项制铁足球俱乐部宿舍里有两个种着红薯苗的花盆。跟我们之前试验的方法一样，队员们回到宿舍，对其中一个花盆说好话，对另外一个花盆说坏话。在 60 天的时间里，相同的环境，一样浇水，听好话的红薯苗生机勃勃，长得非常茂盛，听坏话的红薯苗发育显然不足，枝条看起来病恹恹的。队员们从中受到启发，认识到积极态度的重要性，不再对队友抱怨、厌恶，而是把称赞、鼓励送给对方。

令人称奇的是，之前联赛排名第五的浦项制铁一举上升到第三位，此后的 3 年连续夺冠。虽然第一次听到浦项制铁队员们的变化时觉得很吃惊，现在细细想来，觉得这是理所当然的。连红薯都会受到语言的影响，何况是人呢？语言有着让人的生活发生巨大改变的威力，最具代表性的例子就是充斥恶帖的网络暴力。

30% 的小、中、高在校学生和 15% 的成年人对他人施加过网络暴力。互联网振兴院统计表明，30% 的韩国人遭受过网络暴力的伤害。现在，恶帖已经严重到不仅伤害艺人和政治家，甚至波及普通人和青少年。

2012 年 8 月，一名女学生在 SNS 聊天室里遭到 16 名同龄朋友的集体语言暴力，承受不住打击，从 11 层的自家公寓跳下去了。关注一下最近的社会热点，学校、军队的排挤和暴力问题几乎都始于语言暴力。因此，网络恶意回帖已经发展成为社会问题。

网络暴力的严重性不仅仅是影响受害者。互联网振兴院就施加网络暴力原因的问卷调查结果显示，小学生中 45.7% 是开玩笑，成年人中 41.7% 是由于跟对方交恶，另外 37.5% 的人回答开玩笑。我对"就是开个玩笑"这样的说法非常惊讶。我们应该关注这样一种现象，没有恶意也会做出恶意的举动，就好像往池塘里扔石头砸死青蛙一样随意。我们为什么要对从未见过的人恶言相加？辱骂了别人自己也没变好，也没显得了不起，对自己来说也没有任何好处呀。

恶意回帖的人普遍特征是自尊感较差。自尊感差的人躲在网络的墙角里，通过污蔑、毁谤别人获得快感。虽然他们在网络空间里获得了短暂的快感，在真正的现实世界里却渐渐被边缘化。这样的恶性循环让他们更加热衷于网上谩骂。

另外很值得关注的一点是，如果第一条回帖是恶帖，后面就会恶帖泛滥。但是，如果第一条回帖是善意回帖，后面的善意回帖就会相对较多。即便不是纯粹的善意回帖，也是站在中立的角度发表看法的。看到有人发布了恶帖，会产生我也可以这样做的想法，甚至是想发布比这个难听得多的回帖。这些人的做法没有任何意义，只是单纯地攻击对方，在恶念上跟别人竞争。

这些人将善意回帖的人贬低为打工的、侍女、丫鬟、粉丝，像竞赛一样竞相发布低俗谩骂的言语。仔细分析的话，恶意回帖的人扭曲的快感，其实就是过低的自尊感、自卑感的流露，缺少快乐。让看帖的人不悦、让当事人感到愤怒悲伤的恶行循环为什么不能终结呢？如何防止这样的恶行循环呢？

根除恶帖的两个办法

为根除恶帖，我想出了两个办法。一个是以青少年为对象进行人性教育，同时辅以恰当的制度措施。司机系安全带就是一个很好的例子。过去司机们不认真系安全带，一方面开展"不系安全带可能会导致死亡"的宣传活动，同时加大对违反者的处罚，现在大部分的司机都系安全带了。

值得注意的是，让司机知道安全带是守护生命的生命带，比畏惧罚款更重要。在这个阶段，开展活动发挥了主要的作用。现在，几乎所有的司机一上车就会在无意识中系上安全带。

善意回帖教育也是一样。只是嘴上说"发布善意回帖好"的人和亲自发一条善意回帖的人，区别是很明显的。恶意回帖的人和因为恶帖受到法律制裁的人也完全不同。有的人开玩笑似的发表了恶帖之后，得知对方将会采取法律手段，在遭受精神上的痛苦、向对方求情的同时，表现出反省悔过的态度，在商讨事情如何处理时求助于善意回帖运动本部。恶帖不仅给收帖人，也给发帖人造成很大的痛苦，让人身心疲惫。

也有人对"对恶意回帖人进行法律制裁"持反对意见，认为是压抑了言论自由。但是，我们可以这样想一想，如果有人在公共场所吐痰，会被判以轻罪，并处 3 万韩元的罚款。那么，毫无根据地恶意发帖行为，其实就是在公共网络空间里朝他人脸上吐口水、在别人的心脏上插匕首啊。有些人辩解说，自己是在凌晨两三点钟精神恍惚的时候，出于开玩笑的目的发的恶帖，我认为这不能成为免责的借口，对其实施法律制裁理由充分。躲在匿名的背后，做着人面兽心的勾当，这是无论如何不能被原谅的。在这一点上，我们需要换位思考。

社会越来越成熟了。对于青少年的人性教育，整个社会形成了共识。不论是生产液晶显示器的人，还是坐在显示屏前敲击键盘的人，大家都深深地感受到了这样做的必要性。如果首先确立"以人为本"的教育理念，我们的社会要改正的问题就不会那么多了。

8

拓展到中国的互联网文化运动

在人民网做演讲

人民网韩国公司总经理周玉波是我见过的中国人中韩语说得最好的。她有些时候在对话中使用的韩语单词比我还要准确。她以汉语为基础学习的韩语，功底非常深厚，我常常能够感受到她在对话中准确用词的精妙之处，比韩国人还要有味道。周玉波对善意回帖运动非常感兴趣。

一天，周玉波总经理给我打来电话说："人民网总部想邀请您在我们的人民网视频上进行善意回帖运动演讲，您看可以吗？"

我感到非常高兴。能在日均访问量4亿以上、中国最大的新闻门户网站上发表善意回帖演讲，对我来说意义重大。因为始于韩国的这一小小的善行，美好的善行，今天可以介绍到中国去了！

作为在中国最权威的新闻媒体网站上演讲的韩国人，我非常自豪，同时也感到压力山大。这次演讲不仅仅是作为英语教授的闵丙哲一个人在介绍善意回帖运动，同时也是向中国人民宣传韩国的一个绝好的机会，所以我想演讲的每一句话都要精雕细琢，字字珠玑。我立刻投入到演讲稿的准备当中。

演讲稿首先介绍了我在大学里教授什么课程，接着就善意回帖运动进行说明，分别准备了韩语版和英语版。接着，我就投入到按部就班的练习当中，我的演讲准备过程非常简单。

准备讲稿、录音、练习与录音机同步演说。每天早晨，我会到家附近的空地上大声地进行演讲练习。我先把讲稿用录音机录下来，然后跟着录音同时练习演说，这是比直接读讲稿更加有效的练习方式。特别是在学外语的时候，这种方法效果满分。

练习的时候，我干脆把需要讲的内容全部背了下来。原本以为年纪大，背诵会不太容易，没想到很快就都记住了。很容易就记下来的原因很简单：一、这是我的故事；二、时间紧迫。每次到了非这样不可的时候，我就会让自己产生紧迫感。因为感觉到紧迫，事情才变得容易解决。

每当需要投入的时候，我都会把"等着就行了"或者"时间会解决问题的"这种懒惰的想法彻底打消。另外，有网友通过微博实时提问，这也让我既期待又担心。我和参加志愿者服务团的大学生、善意回帖运动的指导教师们一起来到了北京。

我和周玉波总经理的领导、人民网副总编辑单成彪进行了会谈，他对善意回帖运动表现出了极大的兴趣。因为中国网民们的网络礼仪、网络文化的进步速度远远赶不及网络环境的飞速发展，这令他很担忧。单成彪副总编辑也期待善意回帖运动能在改善中国网络语言文化方面发挥更大的作用。

我的演讲获得了图文同步直播。主持人郑紫豪身高 1.92 米，整个活动组织得非常顺利流畅。我略显紧张，用英文、韩语和临阵磨枪背下来的几句汉语完成了演讲。

也许是被我的满腔热情感染，演讲过程中，中国网友们实时在网上提出了许多问题，他们热切的关注让我得到了珍贵的体验。提问也非常有意思，从提问中可以看到中国网友的想法。他们对我为什么选择中国作为善意回帖运动的第二个实施地感到好奇。我说，中韩两国地理位置相近，文化相通，在四川地震和"世越号"事件期间，通过网络互相安慰是多么大的力量啊。所以我坚信始于韩国的善意回帖运动一定能对中国网友产生积极的影响，所以我站到了这里。

他们还问我怎么看待中国的网络环境。我说，中国有 5 亿互联网用户，4 亿智能手机用户，是名副其实的网络大国。尤其是中国的年轻人喜欢就各种各样的话题在网上进行讨论。我认为这就具备了中国作为世界网络强国并能进一步发展的最重要的基础，善意回帖运动将会为中国网络发展贡献更大的力量。另外也提出了韩国人经常问的"到底为什么要发恶帖"这样的问题。

网络上可以匿名，双方也不见面，所以做出违反礼仪和规范的行为非常容易。我也提到了在韩国演讲时说过的匿名性、非对面性带来的问题。直到现在，我还对一个问题印象深刻。问题是这样说的：善意回帖运动能为全球网络社会带来什么？因为这是一条真正想对中国社会发出的信息，所以我思考片刻，调整了一下呼吸后回答道：

"善意回帖能够减少矛盾，互相传递鼓励和安慰，善意回帖运动将会成为成熟的网络社会的基石。保持双方关系和谐，最重要的因素就是对对方的关心和鼓励。而表达关心鼓励最简单、最有力的方法就是善意回帖。发一条善意回帖，可以让三个人变得幸福。发帖人，收帖人和看帖子的人。网络世界中，每个人都是这三人中的一人，每个人也同时扮演着这三种角色。我希望大家也能参与到善意回帖运动中来，变得更加幸福。"

虽然无法见到提问者的样貌，但是我希望提问者能够微笑点头。我相信或许真的是这样。

最后一个问题也让我印象深刻。演讲的当天是 2014 年 6 月 24 日，是韩国足球队能否进入 16 强比赛的日子。对手是比利时队，是胜败很难预测的一场比赛。演讲会的主持人郑紫豪忽然问了我一个问题：本次世界杯，到目前为止，韩国队一平一负，看起来很难出线了，您如何看待呢？"我觉得这个时候最需要的就是善意回帖，如果全体韩国人万众一心加油鼓劲的话，比赛会取得好的成绩。也请大家都给韩国足球队加油吧。"我这样回答道。

郑紫豪大笑起来，在场的中国观众也纷纷为韩国队加油，在这样热情的气氛中，本次演讲圆满结束了。演讲结束之后，微博上的反应依然很热烈。网友们的想法都一样，虽然我很想一一回复微博上层出不穷的提问，但是需要把问题和回答分别翻译成韩文和中文，这个过程比较复杂，所以很遗憾没能一一作答。

演讲结束后，我们受到了人民网热情的款待。我和单成彪副总编辑进行了进一步的交流，我们一致认为网络拉近了世界的距离，早就超越了国界。单成彪副总编辑强调，中韩两国人民通过网络互相传递的安慰和鼓励，已经产生了巨大的经济效益。

线上民间外交

2008 年四川省发生 8.0 级地震，死伤人数达到 7 万。那时候，一部分不懂事的韩国网民的恶帖引发了中国民众抵制韩货的运动。但是善意回帖运动本部发起了悼念地震受难者的善意回帖活动，共收集到悼念回帖一万多条，制作成善意回帖集转交给了中国方面。中国方面表示非常感动。

索契冬季奥运会期间，韩国国民在光化门广场发出了期盼中国选手赛出好成绩的祝福，中国人民在天安门广场前发来了鼓励韩国运动员的话语。越来越亲近的两国网民们不再互发恶帖，而是不间断地真心鼓励两国运动员取得好成绩。在韩国"世越号"沉船事件发生时，中国的网友们收集了 8 万多条悼念祭奠的回帖发给我们。如果通过外交程序想要取得这样的成果，需要大量的时间和费用。

我在准备人民网线上演讲的同时，查找了和网上回帖相关的中韩两国人民有同感、有共鸣的事例，其中有一条报道深深吸引了我。

在韩联社刊登的题为"感动中国的孝心"的报道中，讲述了年过花甲的女儿用人力车拉着九旬高龄的老母亲环游中国的故事。63 岁的退休教师谢淑华女士带着 93 岁的老妈妈，徒步行走了大半个中国，这篇报道感动了很多人。谢女士从小生活在贫穷的农村，全村 200 多个女孩中只有她一人读了中学，这一切都是母亲的功劳。母亲横下一条心，只要饿不死，无论多难都要让女儿读书。那时候家里非常困难，没有手表，但是她每天都不间断地按时送女儿上学。如今，谢女士已经在教师的岗位上退休了，她把自己的幸福生活归功于母亲。为了报答母亲，哪怕只是一点点，她说，趁现在还来得及，她要用手推车带着母亲去旅行。

63岁的谢淑华自己也是上了年纪的人，常因腿脚浮肿而行动不便。但是她下定决心要像小时候母亲照顾她那样照顾母亲，只要还活着，就不会停下带母亲旅游的脚步。老母亲在女儿的帮助下，第一次来到海南，看到了大海。90多岁的老母亲心疼女儿会太劳累，几次三番说要回去。但是，谢淑华女士在接受采访的时候，表情很坚决，她说，不听妈妈的话，她要一直走下去。

谢淑华女士的孝心感动了全中国，同时也让身在韩国的我心情很激动。但是，当我看到下面不断上传的回帖时，更加心潮澎湃。"如果来韩国的话，我也想帮忙拉车。""请妈妈和女儿都保重身体！""真是了不起的孝心。我在反省自己。"韩国网友们的回帖也让我非常感动。善意回帖运动已经结出了丰硕的果实。我立刻想到邀请谢淑华母女访问韩国。

我也曾经看过一些关于不孝子女的报道。比如，在海外留学的儿子加害父母，把年迈的父母扔在国外，自己就消失了等等。邀请谢淑华母女访问韩国，就是想让正处在成长过程中的青少年们知道，这样做才是孝道。

当时我正在准备善意回帖CEO论坛，是企业家通过实际行动做好事的"企业家社会责任论坛"的一个组成部分。接待任务由韩东权会长担任，他邀请谢淑华女士作为善意回帖CEO论坛的第一位演讲者走上讲坛。"从妈妈那里得到的爱，哪怕只是一点点也要报答！"谢淑华的演讲让在场的听众深受感动。

谢淑华的母亲因为女儿的孝心得以来到韩国，她用无比激动的声音向会场在座的嘉宾打了招呼。去首尔艺术高中观看传统表演的时候，看到在讲堂里夹道欢迎的学生们，老妈妈禁不住热泪盈眶。同学们从拉车携母横穿中国内地的谢淑华女士身上得到了巨大的感化，眼泪在眼圈里打转；还有的同学说想给家里的妈妈打个电话。韩国的各大媒体也积极采访报道，新闻网站上关于谢淑华访韩的报道下面，满满的都是温暖热情的回帖。

谢淑华女士的事迹让历来极度推崇孝道的韩国人也很受震撼。我认为这也是通过网络，以积极且非常温暖的方式实现的民间外交。我坚信，这样越来越紧密的两国关系将会通过更加成熟的网络文化的不断交流而结出累累硕果。

9

心变了，世界就变了

　　韩国有一句俗语是"堂兄买地，我肚子疼"，这句话非常不好。堂兄买地本来是好事，为什么要没头没脑地肚子疼？虽说嫉妒心理是人类与生俱来的一种情绪，但实际上这种肚子疼是比嫉妒还要不堪的一种心态。"我自己过得不好，别人也必须过得不好"，只有这样心里才能平衡，这是一种扭曲的人性。这种心态作为一句俗语广为流传，使猜忌和嫉妒变得好像理所应当的一样，这其实是一种很坏的习气。别人好，我也好，这才是对的。盼望别人不好，只有我好的人，永远也不会好。一味盼望别人不好我自己好，这样只能是别人好我不好。还有另外一个恶性循环。我不好，就一直盼望别人也不好。如果这样的话，这句话对我们而言，就不仅仅是一句不好的俗语了。

　　就像前面所说的，韩语里还有"助兴叫好"这样的词。"助兴叫单词好"这个词是国乐中鼓手为演唱的人助兴，大声喊"哎呦喂"、"太好了"这样叫好和鼓励的话。在歌唱者演唱的过程中，不时地喊一喊，有助于演唱者更有自信、更好地表演下去。我认为，对我们身边那些能干的人，不要挫伤他的勇气，也不要给他掣肘，而应该给他助兴叫好，让他做得更好。基于这样的想法开始的"助兴运动",可以说是善意回帖运动的萌芽。

"助兴运动"从一开始就反响很好。网络上的恶评对现实生活也会产生很坏的影响,所以我认为应该从青少年开始推广善意回帖运动。当时,我忽然想到远离内陆的济州岛,因为与内陆分开,在岛上生活的孩子们一定非常需要网络文化。于是,在我的努力下,济州中央中学高高举起了善意回帖运动的大旗。

就这样,善意回帖运动从济州岛的一所很小的中学开始了推广活动,直至接受了各种媒体的采访、报道和宣传,渐渐发展成为被越来越多人认同的文化运动。最先做出反应的依然是教育界。善意回帖运动作为小学、中学、高中的网站语言暴力问题解决方案而被用于实践,实实在在地在减少网络语言暴力和校园暴力方面发挥了很大的作用。

韩国国会也来助力。每到选举季的时候,诽谤对方候选人的帖子就会漫天飞,这种"乌七八糟的政治"让国会饱受污名之苦,所以国会也愿意积极参与到善意回帖运动中来。现任国会议员300人中占98%的人,即294位议员宣誓要参与善意回帖运动。这294位参与善意回帖运动的国会议员的名字被刻在了铜板上,排列在善意回帖运动宣言的下面,悬挂在国会的墙壁上。不仅如此,全国市长、县长、区厅长协会、行政自治部、环境部、女性家族部、诸多省、市政府及教育厅、陆海空三军以及道路交通工团等100多个政府机构、企业、医院和民间团体开始积极参与进来,现在已经发展成为一个国民性的文化运动了。

前面已经提到过,中国也像韩国一样,正在积极推进善意回帖运动。调查显示,美国43%的未成年人在网上被孤立,而且网络语言暴力问题严重,因此目前美国也在积极宣传善意回帖运动。

　　韩国网民们哀悼康涅狄格州桑迪·胡克村小学枪击事件遇难者的善意回帖集，转交给了驻韩美国大使，并宣布在洛杉矶市政府成立善意回帖运动美洲支部。我们计划今后在日本和中国举行同样的活动。

　　走出韩国，走向世界的善意回帖运动，它的发端是非常有意义的。最开始始于看报纸时"再也不能这样下去了"的想法，仅仅是我迫切希望我的学生们能有完全不一样的想法和行动。但是不知不觉 8 年过去了，新精神运动、网络文化运动、新韩流 3.0 等等的称号让善意回帖运动在韩国广泛传播开来。现在想来也是，难以置信的伟大事情往往始于一个微不足道的想法。

　　我也不敢想象竟然取得了如此大的成绩。或许因其善的开端，所以才这样硕果累累。

　　善的出发点令渴望善的人心动，认为善事即好事，是人的本性。而号召人们善意回帖，就是想放大这种善良的本性，并非想让我自己变得更伟大、更有钱。

　　最早一批开始参与善意回帖运动的青少年们现在已经是大学生了，他们发现自己不仅不会发布恶帖，当需要鼓励和称赞的时候，他们会毫不犹豫地发布善帖。我认为这一切都来源于善的开始，经过善的过程，取得善的结果，让一切都发生了变化。以人与人的关系为基础、为中心的世界，就像善一样充满力量。善比恶更有力，更强大。善意回帖就是一个很好的证明。

　　人心是世界的延续。人心的一个微小变化，世界也会变得不同。你善良的心发出的微小声音被世界听到的话，世界也会发生改变。只要你写一条善意回帖，他人读一条善意回帖，你就会坚信这一点。

青春年华如果浪费在自我辩解上，

那么这段宝贵时光就会变得短暂。

那段时期的挑战经历带给我的并不仅是成功的喜悦，

最重要的是当时挫败的经历塑造了全新的我。

失败是不断前进的动力。

第四章

行动的话，就会有结果

1

举手运动

主动举手的人会得到更多的机会

举起手来！举起你的手！

我在上课的时候，经常像推销一样强调举手的重要性。在我的课堂上，自主的参与比任何事情都重要。在做课堂活动分组的时候，一旦我说"想要当组长的请举起手"，学生们总是因为不愿与我对视而低下头，主动举手的同学基本都是来自美国、法国、德国、西班牙等国家的外国学生，直到我指明需要韩国学生的时候，他们才会悄悄地举起手来。

如果不举手的话，就得不到机会，这是很明显的道理。当机会站在路口，并没有主动迎接我的时候，在机会若隐若现的那一刻，我要举起手抓住它，才能得到这个机会。若是没有举起手，机会就会溜走。举手是一种表现自我的方式，同时也是我为了我自己、为了成为我想要成为的人而努力奋斗的基本信号。

例如在课堂上，只有成为队长的学生们，才能对组织有宏观的认识，才能了解组内成员间的协同关系，才能学会发掘每一个组员的特长优势。当然，其他同学也可以通过举手发言来表现自己，而那些不愿举手，只是默默隐藏在角落里的同学，就只能成为经过却没有给人留下任何记忆的人了。

学生们总是害怕因为举手而受到关注，所有的人都会担心如果自己在大家都关注的时候失误了怎么办。可就算是失误了，也只是在朋友面前丢了面子而已，并不是什么人生大事。相比我可以积累的经验，我可以得到的价值，那一瞬间的恐惧就像灰尘一样微不足道。

首先要展现自己，才能知道自己是什么样的人，其次才是别人的看法。如果你不举手的话，你永远无法知道你自己是个怎样的人，无法知道你在各种情况下会有怎样的反应、会怎样发挥自己的能量把握住机会。你只能成为一群人里面默默无闻的那一个，成为一个丝毫没有展现过自己的、毫无存在感的人。

这就是我在大学课堂上推广"举手运动"的理由。"如果不去尝试的话，就不会失败"，那些虽然没有失败过，但也不曾成功过的人通常会这样辩解。他们仅仅是害怕尝试的话会失败，但实际上如果连试都不曾试过，一次都不曾举手，就这样白白度过了青春，才是真正失败的人生。

做事情总是先想着会失败，因为感觉失败等在那里所以就不行动，只是静静呆在原地自我辩白着"我从来没有失败过，为什么？因为我没有举过手"。就这样，大好的时光被虚度，青春是如此的短暂。另外，最重要的是举手之后参与挑战所留下的，不仅有令人心潮澎湃的成就感，偶尔惨淡的失败经历也会为日后重塑自我提供肥沃的养料。失败是人们成长的动力。

只有举了手才会有机会，举了手才能知道原来不知道的事情，也只有举了手才能知道自己擅长什么。如果我们举起手来抓住机会，我们也能比别人更快地知道我做不了什么事，或者我不擅长做什么事，所以举手是没有损失的。

不管现在走的路是你想要的方向，抑或不是你希望的方向，通往下一段路的入场券只有举手。举手可以把很多事情连接在一起。即使没有人鞭策我也想做的事情，或者我下决心想要实现一次的愿望，到最后总会有结果的，因为自己编织的有形或无形的网绝非一蹴而就的。

这扇门是你的门

2014 年 1 月 17 日，我在北京的凯宾斯基酒店举行了一个小型活动。当时正值中国四川雅安发生大地震后不久，韩国的青少年在善意回帖本部官网上为雅安地震的遇难者留下了一万多条祈福追思的留言。所以，我们举行了这个活动，一方面把留言集转交给中方，一方面把通过善意回帖音乐会筹集的两万美金善款捐出去。活动结束后，我和同事、朋友们在桌边小坐，聊了一会儿。

当时，制作过 MBC 电视台《我是歌手》和其他各种公益节目的金荣希导演突然提出了一个建议。因为当时距 2014 年索契冬奥会开幕的日子只剩下 20 天了，所以他提议不如制作一个韩中两国人民为对方国家的运动员们加油的短片。大家都觉得这个提议不错，但是很难马上去执行。于是，我带着激动的心情当场表示："我来推进这件事吧。"如果这个项目做成功了，将会促进两国间的亲密关系，所以，我当场委托了在场的制片人沈英仁（音译）来制作这个短片。

他第二天一大早就去了北京的天安门广场，采访了北京的市民们。

沈英仁是影像制作的奇才，他制作的影片都富有强大的感染力和卓越的艺术性。

　　我和沈总一回国就到光化门广场录制了韩国市民为中国选手加油的视频，后来这个短片让韩中两国的网民们都深受感动。我做的这一系列事情都是轻而易举的小事情，当然对于正在读这本书的读者来说，你也很容易做到。方法很简单，你只要坚定地站出来说："我想做这件事"，并且逐步推进，就一定可以做到。

　　实现我想法的第一个步骤就是从举手开始的。你的想法再好，不去实现的话，也只不过是一个空想。如果你想要别人了解你的想法，并且为你准备好所有的事情，你只要坐享其成就行了，那么我可以明确地告诉你，世界上没有这样的好事。有个寓言故事很有意思，说的是某人临终前望着等了一辈子的那扇门，对守门者说："你为什么守着门不让我进去？"守门者回答："这扇门就是你的门，我站在这里，就是等待你命令我把它打开。"

　　换句话讲，如果这个人在一生当中曾经向守门者提出要求的话，他马上就能进入这扇门。然而遗憾的是，他一次都没有向守门人提出要求，因此也就一次都未曾踏入这扇门。这个故事告诉我们，如果不尝试的话，什么事情都无法完成。

　　机会是需要自己创造的。如果不表现出来，任何人都无法帮你。如果我想要，我要先举手示意，机会才会对我展开微笑。获得机会就是从举手开始的，真的是非常容易的方法。

　　请举起你的手！

2

不要被年龄束缚

活在当下

韩国语有阶称的区别，所以在韩国，人们常常在第一次见面时就询问对方的年龄，以决定说话的方式。韩国的媒体进行报道时会在名字后面用括号注明年龄，这似乎已经成为惯例。如果是名人结婚的新闻，连我也不会错过有关两人年龄差异的报道，所有国民都会知道他们的年龄。年龄也是评判这个人行为是否得当的重要依据。

我基本上从未考虑过我的年龄，也从来不关注我学生的年龄。

我们为什么要如此在意年龄问题？

我原来认为这源于韩国社会根深蒂固的儒家思想，但同样受儒家思想影响的中国和日本却没有对年龄问题这么看重，所谓的年龄价值也是只有韩国社会才有的说法。

我 1993 年出版的《丑陋的韩国人，丑陋的美国人》一书至 2014 年，已经进行了五次修订改版，但其中"'丑陋的韩国人'需要改正的礼节"这部分里，"不要向别人问私人问题"这一条仍收录在其中。

除非特别亲近，否则不要问的私人问题包括年龄、婚姻状况、子女情况及薪酬等问题。在这些问题中，最容易被问到的就是年龄。年龄在社会交往过程中就那么重要吗？其实年龄对于处理业务、结交朋友都没有什么重要意义，年龄只是衡量人们是"年轻人"还是"老年人"的一个数字而已。

我年轻的时候就不喜欢说自己的年龄，我在大学时候出去做兼职英语老师，作为一个年轻的大学生给成人们讲课，在这种情况下就更不愿意提起年龄问题。不知道是不是因为这样，不论是那时候还是现在，我都觉得询问年龄这件事是毫无意义的。因为我只是生活在今天，并不是我想成为多少岁的人或是我想活到多少岁。

现在这个年纪又怎么了？

我现在仍会制定新的目标，在我的电脑里记录着很多近期或远期目标。

今年88岁的宜家创始人就是很好的例子。他虽然把公司的经营权委托给了专门的管理人员，但仍然作为公司的顾问管理着很多事情。按照他的年龄，几十年前就应该退休了。但他现在还精力充沛地规划着宜家的未来，他出行依然乘坐公共交通，坐飞机的时候也只坐经济舱。在一次采访中，他曾风趣地说："要做的事情太多了，连死的时间都没有。"他说他十分钟就能做许多事情，虽然已是88岁的高龄，但仍以十分钟为单位安排自己的日程。看重年龄的人可能会说"88岁的老爷爷还如此健康"，但视野更加开阔的人会看到一位为毕生事业而奋斗的成功男人。

年龄只是记录我们来到这个世界时间长短的一个标尺。我们甚至可以说，它的作用只是确定生日蛋糕上应该插几只蜡烛而已，西方国家的人们甚至不去在意蛋糕上插几根蜡烛。我们不应用年龄来限制自己的人生和行动半径，只需要努力做现在想做的事情，不需要考虑年龄问题，也不需要考虑这个年纪做这样的事情是否合适。

只要在不触犯社会道德及公众利益的范围内，我们拥有绝对自由。

"我们这个年纪还能学英语吗？"

"我们这个年纪了还没结婚也没关系吗？"

"我们这个年龄想要换工作可以吗？"

只要设定目标，向着目标努力奔跑就可以了，完全不需要考虑年龄问题。

将愿望付诸实践，重要的不是你的年龄，而是一颗朝着目标坚定前进的心。

3

练习让所有事情都变成可能

朝着心中的目标前进

我做过很多次不同内容的访谈和演讲，"怎样才能学好英语"？几乎成了演讲或者采访的固定提问。我的回答用一个词总结就是"练习"，我认为练习是一个人拥有成功人生的最重要的品德。到现在，纵观韩国的英语教育课程，基本上没有学习实用英语的机会。高中生为了考上大学都是以学习语法和阅读为主，而大学生为了毕业和就业必须要考取各种英语证书。

值得注意的是，学生们不是学不好英语，而是在学校期间几乎没有机会学习实用性英语。从今天开始下定决心，重视口语训练，所有人都可以说出流畅的英文，因为英语会话不是一门学问而是一项技术。

根据英语学者的研究，要想使用一门语言，至少需要掌握400-500个句子，也就是说这种程度就能进行基本的交流沟通。下面我将介绍一些学好英语的练习方法。

首先要学习与自己从事行业相关的语句，并且要注意实际应用的具体表达方式。跟着录音机读 100 遍，谁都可以掌握。

　　可能会有人说练习量太大了。那么让我们想想朴泰桓和金妍儿，他们练习了何止一百遍？他们要练习一万遍以上才能成为世界级运动员。像我们这样的普通人至少要练习一百遍才能自如地使用与自己业务相关的英语，难道不是这样吗？

　　按照制定的目标，努力练习，才能实现梦想。

　　被称为国民英语老师虽然有些夸张，但拥有这个让人心情愉悦的称呼的我也仍然一直坚持练习英语。我在 2008 年获得了由母校美国北伊利诺伊大学颁发的年度杰出校友奖并收到了颁奖典礼的邀请函，据说我是自 1899 年建校以来获得该奖项的第一位韩国人。我怀着激动的心情早早开始准备获奖感言，并且一遍又一遍地反复练习。

　　领奖当日，我站在麦克风前听着雷鸣般的掌声几乎说不出话来，因为反复的练习，我的嗓子已经沙哑了。"为了今天的演说，我在飞机上练习了太多遍，嗓子几乎说不出话来。"我以这句话为开头，用沙哑的声音开始了演讲。在场的观众起立为我鼓掌，我知道，比起我演讲的内容，他们更是对我认真准备的精神给予鼓励。

　　练习会带来自信，反复地练习会让"不知道是什么"的东西变成"我的"东西。通过练习，会在某个瞬间达到一直希望的状态，那种激动兴奋的心情是无法形容的，那种成就感更凸显了练习的重要性。练习会让我们更忠实于自己的想法，会让我们更加相信自己只要努力就可以做到任何事情。

给我行动的力量

"教授，虽然我知道练习很重要，但是再怎么下决心也总是不能付诸实践。"

我看到过很多学生会有这样的苦恼，他们知道练习就会有结果，练习就会获得成功，但练习本身就是很难的事情，只有能够熬过那个痛苦的人才能品尝到成功的果实。怎样才能不偷懒地把练习坚持下来呢？需要自己给自己压力。谁都需要有一个推动力，虽然一般都是父母、老师担负这个角色，但是比起他们，效果更加明显的是我们自身，我们必须让自己有紧迫感。

没有紧迫感的话，什么都做不好，什么都解决不了，一定要把自己变成动力的源泉。那么动力应该从哪里来呢？应该先认识到自己的匮乏和不足，这种感觉可以是对知识或文化的渴望，或者是想要体验更大世界的渴望。

谁都会有渴望的感觉，有的人是因为学费不足迫切想要得到奖学金，有的人为了更具竞争力而学习法语，还有的人希望通过晋升的英语考试，感觉到渴望才能有动力。

最先因脱水而死的人通常都是感觉不到渴的人，因为他们通常不会喝水。想要收获就要去行动，想要收获更多就要有更多的行动。如果想感受到充分的满足感，不要忘了渴望的感觉，一定要鼓励自己快马加鞭地奔跑。大多数时候，目标并没有想象中的遥不可及，只要信念坚定、不断练习，最终都会到达。

在这里，我想强调制定计划的重要性。我们不仅要看着远处的山，也要时刻规划好脚下的路。想要拥有不虚度的人生，就要把想做的事情分阶段，然后根据每个阶段的情况制定目标。如果以 3 年、10 年为周期制定计划让你觉得遥远飘渺，那么就按照星期、月、学期、年来制定计划吧。可以做一个表格，然后按照计划执行，这样可以更好地监测完成的进度。

　　在练习的过程中感受到自己的变化，会产生更多的自信，这样就会更容易向前多走一步。随着不断地练习和自我鼓励，你一定会在某个时候发现自己已经到了想要的那个状态。

　　在这之后，你可以一点一点提高目标，挑战各种自己希望实现的梦想。所以说，制定好目标，不懈地练习，会让你的人生发生质变。

4

注重沟通能力，而不是语言实力

英语就像勺子

英语是一门学问吗？我总是说实用英语是一门技术，就像我的著作《做英语的主人》一书的题目所说，英语是一个工具，它不是饭而是盛饭的勺子。

韩国是世界上最热衷于英语学习的国家，但是韩国人面对外国人的时候，总是无法开口说话。虽然很多韩国人可以不依赖字典就阅读英文的时事周刊，但是一到开口说英语的时候就面红耳赤。韩国人不是英语不好，而是实用性英语不好，因为没有学习实用英语的机会。

学习英语最终的目的是熟练流畅地进行沟通交流，可是从初中到高中毕业在压力下所学的所有英语知识都是以应试为主的语法和阅读。英语本来是沟通的一门工具，可我们却像英语文学家或者英语学者一样学习学术性的英语。

以应试教育为主的英语教学是我们学习英语最大的问题。大学入学考试中增加了听力考试后，英语听力水平有了显著提高，但提高实际口语能力的效果还不明显。

如果想要快速提高韩国人的英语水平，就要在高考中重点考察英语口语，那样的话，学生们都会说好英语的。即使达不到以英语为母语的人的口语水平，也完全不会影响正常交流。

要想提高英语对话的能力，就要强化口语训练，即把自己想要表达的内容集中地进行听说练习。通过进行实际对话，感受英语在对话沟通中的应用，这样才能提高英语水平、流畅地运用英语。

英语怎么才能背下来呢？背下来能熟练运用吗？因为有的英语学者说学习外语应该像学母语一样，所以学者们开始研究我们学习韩语的方法，但我并不赞同这种观点。我们是一字一句都理解了才学会韩语的吗？我们只是在背而已。在背的过程中领悟了其中的意义。

被称为演讲达人的学者或政治家们是靠那一瞬间的爆发力和积累的学识来演讲的吗？并不是这样。他们是先制定了基本的框架，将其谙熟于心，然后通过不断的练习、修改才形成了最后的演讲。像学习母语一样学习外语的理论，比较适合生活在英语国家的人。

对于他们来说，英语是第二语言，但对于我们来说，英语是外语。我认为英语学习的起点是"背诵"。例如原来在初中时背过的"很久很久以前有一个国王"，即使过了几十年到今天也还是能记起来。也就是说，基本的英语应该通过无数次反复的练习来达到出口成句的程度。

首先至少要掌握基本的核心要素才能够说好英语，就像节食减肥的人也要摄取基本的营养才能生存。英语也是一样，要有基本的知识储备才可能用英语进行沟通，要掌握基本的知识，需要的不是学习而是练习、训练。

我们周围能流畅地用韩文交流的外国人在一开始学习的时候也都经

历背诵这个过程，最基本的就是背诵。有意思的是生活在韩国大城市里的外国人大部分不太会说韩语，而生活在韩国地方城市的外国人韩语水平比较好，因为他们在生活中必须要说韩语。同理，如果我们生活在必须学好英语的紧迫环境中，谁都能学好英语，我们可以创造一个必须说英语的环境来帮助自己攻克英语。

真正的英语能力

提高英语口语水平更好的方法是想要表达的冲动，想要发表自己想法、与对方分享自己意见的意愿。如果没有这样的意愿，很难从口中说出英语。想要说话的意愿不是说一定要有标准的发音和准确的语法，而是表达它的内容，如果把内容传达了就表明沟通成功了。如果能像以英语为母语的人一样发音标准、表达流畅当然再好不过，但就算用不太标准的发音和语法，只要能把内容准确传达也已经算是走上了成功的轨道。

我喜欢听一位男士的英语演讲，语调清晰，速度缓慢，词汇简单，下面的听众即使英语不太好，也出于礼貌微笑着倾听。当我问听众们他的英语怎么样时，大家就像已经等待许久一样回答他的英语说得不好。然而把这个演讲给以英语为母语的人听的话，会得到正好相反的答案，他们会说这个人的英语非常好，内容清晰，语言表达明了，但这样的英语对于韩国的人来说却是不好的英语。

当我告诉他们这个做演讲的人就是联合国秘书长潘基文时，听众们就会表现出与刚才截然不同的反应。我们喜欢的应该是用英语传达的内容，而不是发音和语法，只要有效地传达出内容即可，这才是沟通。

潘基文秘书长的英语得到国际社会认可的原因不是地道的发音、流畅的语调，而是因为他表达出了深刻而包容的思想价值观，这才是真正的英语能力。我们需要注重语音语调和表达内容的英语练习，而不是英语成绩，不应该因为英语考试成绩提不上去而苦恼英语能力不行。我们坚持不断地学习了近十年的英语，只能与人进行"你周末过得挺愉快吧"？这样的美国低年级小学生级别的对话。语言是用来交流的，英语练习也应该更注重"说"。

以前说英语是别人的事情，但现在谁都需要学习英语。跨国婚姻家庭不断地增多，来韩国旅游的外国游客也前所未有地增长，在路上遇见外国人的几率比看不到外国人的几率还要高，说英语已经成为了像操作电脑一样的必备技能。

熟练地运用英语并不像很多人想象得那么难。比如把清晨的闹钟换成我喊的"早上好，你们好吗？"，在这点上，我有信心认为，生活英语在韩国可以让每个人，不管你是白领还是教师，都有更多的机会进入更好的领域，拥有更广的发展空间。我们可以用英语打开另一扇门，就像我可以用英语做很多事情一样，谁都可以用英语这把钥匙打开另一扇门。

5

写下来就是业绩，不写就只是想法

想法与空想的差异

有时，我们的脑海中会出现一些想法，虽然大部分是空想或者一时起意，但有时其中的一个想法也许正是你一直在苦心寻找的、可以让你更上一层楼的核心，甚至可以成为解决一直悬而未决的问题的一把钥匙。

人类就是通过思考和探索一点一点进化的，谁都可以拥有的想法，有些人就把它变成了改变人类生活的发明或发现，而大部分人只是让它们停留在想法阶段。我想这就像做记录一样，写下来的话，就可以产生业绩，不写的话，就什么也不是。

我开始做记录用的不是记事本而是录音机。我走进英语的世界是从小时候去延禧洞那边的传教士家里开始的，那时候因为喜欢吃传教士夫人做的肉丸意大利面而经常去教会，也很喜欢和他们家同龄的小伙伴玩。传教士夫妇家有三个子女，其中大儿子 Greg 和我同岁，我们俩经常经延世大学后山到新村市场那里游逛玩耍，和他的交流就是我学英语的过程。

因为想要和他交流，我总是用上各种肢体动作努力和他对话，让他把我想要说的话用录音机录下来，然后我跟着录音机反复听练。把我想要知道的都录下来，然后说给他听，并让他帮我纠正发音。那时候起我把所有跟英语相关的东西都录了下来，这个录音习惯到现在还保持着。在准备人民网的演讲时，我也把中文的问候语、需要提到的中国人的名字的发音录了下来反复练习。

感受到录音的力量之后，我开始用记事本、电脑等各种方式把所有重要的东西记录下来。把微小的想法变成巨大的构想，正是从记录开始的。先写下来，写下来就已经是成功的一半，但不能只是写下来，还要和别的事情联系起来制定成方案。即使在当下没有相关的事情也没有关系，量变总会引起质变。这样把一个想法和另一个想法联系起来，整理在一起，前进的方向就能日渐清晰。

养成记录的习惯之后，也就很自然地会把记录的各种想法制成一个表，这样就能制定目标并一步步实现。即使没什么特别的内容也没关系，就像小学生一样，把上学要准备的东西写下来，把课程表甚至是课间想吃的零食写下来都可以。

总统的日程表也没什么大的区别，都是要准备什么，见什么人，决定什么东西等等。就像幼儿园小朋友和妈妈一起写生日宴会要请哪些小朋友、要在哪里举办一样。国会议员也是这样记录他为了法案决议需要见哪些人、要怎样说服对方等，只要记录并整理就可以了。

慢慢地，我们可以把一天、一周、一个月、一年里要做的事情都整理出来，这样可以看到各个事情的优先顺序，也防止漏掉重要的事件。我现在每天都会做一个日程表并且随时确认行程，从攻读学位这样的大事到要买什么东西等生活小事，都一一记录下来。

在我的记录中，有已经实现的目标，也有正在进行的事业，有过去的回忆，也有未来的期许，还有一些生活中难忘的惊喜。世界上没有失败，只有待完成的事而已，即使目前暂时失败，但只要努力，总会有一天会成功的，这就是我对成功和失败的看法。

习惯塑造人格

如果把一段时间记录下来的东西整理一下，就很容易一眼看到那些需要修正和改善的事情，这就是记录的力量。英国诗人约翰·迪伦这样说过："我们先培养了习惯，然后习惯塑造了我们。"

一开始是人们自己培养习惯，但以后会是习惯来造就我们，习惯可以改变人的命运。

不要让好点子一闪而过，而是要马上抓住它。如果把想法都记下来攒在一起或许就能出一本书。

我对人们说"不只要读书，还要试着书写自己的故事"，虽然写书并不是一件容易的事情，但是谁都可以写书。因为每个人都有自己独特的人生故事，但是为了写自己的故事，我们要读很多相关的书籍。

我给大家讲一个100多岁的日本奶奶成为诗人的故事。柴田奶奶在丈夫过世以后辛苦地将儿子抚养成人，到了92岁高龄才开始写诗，在2010年，99岁高龄的她用给自己准备后事的100万日元出版了人生第一本诗集。她的诗因为幽默风趣又充满正能量而受到好评，创下150万册的销量纪录。现在她的诗集已经在韩国、中国台湾、荷兰、意大利、德国等多个国家和地区翻译出版。

柴田奶奶的故事给那些失去生活目标、迷茫彷徨的年轻人带来了一剂强心针，她的故事说明并不只有年轻的时候才能做大事，即使100岁了也仍然大有可为。

我写书是为了回顾到现在为止的自己是什么样子，为以后某个时候我回首自己的人生提供轨迹。当你离开这个世界的时候，你也可以通过写书让你的家人和亲戚了解你拥有过怎样的人生。

有一个电视节目《演讲 100℃》，是请普通人上台来讲述自己故事的节目，他们的故事都非常让人感动。但是这样的故事并不是参加节目录制的那些人才有，谁都有自己精彩的故事，如果把这些故事讲述出来都可以编成一本书。

我虽然编过各种英语教材，还有有关韩美、美日、美中之间文化和行动差异的书，但写书对我来说也是一件困难而艰巨的事情。但要是有记录、有录音文件的话，事情会简单很多，只要把它们整理出来就可以了。

把自己的想法整理成一本书所带来的满足感是无法形容的。我特别推荐刚进大学的大学生就开始做一些写书的准备，因为从现在开始写的话，到毕业时就能完成一本书，这可以成为一篇无与伦比的自我介绍。如果我是面试官的话，肯定会给大学时期就能把自己的故事写成书的人特别的加分。另外，说不定这本书对于恋爱都非常有用。

当今社会是一个容易遗忘的时代，好像大家都一起得了健忘症，甚至还出现了"数码痴呆症候群"这样的新名词。还有报道说，人们过于依赖智能手机这样的电子产品，会让人们的大脑容量萎缩。但是我并不认为这是健忘，只是在丰富的社会生活中，要想的事情、要记的事情实在太多了，这让人没有办法集中注意力。所以生活在这个时代，最聪明的方法就是"写"，就是"记录并整理"。

快开始写你自己的故事吧！

6

是谁把想法变成了现实

我开设的特别课程

　　我觉得我的身体里有"想要做别人做不了的事"这样的DNA。用一种新的视角看事物的话，大脑中总会不断涌出新的想法。大学授课也是一样，我在学校开设了英语课程，大部分人会想起"闵丙哲＝英语"，认为就是用英语讲授英语。

　　我讲了一辈子英语课程，如果我在大学里用英语讲英语课那是毫无竞争力的，因为在这件事上我并非独一无二、不可替代。

　　我讲的是用英语做陈述、会议英语和英语谈判等在实际的跨国企业工作中所需要的实用英语。这些内容可以在经营学院学到，但是我还开设了经营学院没做过的项目，就是编写智能手机应用程序开发方案。

　　现在是智能手机的时代，可以用手机订咖啡、买电影票，可以用手机和英语是母语者进行对话来学习英语。在我的课堂上，学生们先建立一个虚拟的公司，然后写出公司产品相关应用程序的提案并展示其内容。我们就学生们编写的应用程序开发提案进行讨论，由我来联系有关的公共机关、企业，若是提案能通过审核的话，就能投入到实际的开发中。

用这种方式，学生们获得了把自己的创意转化为现实的机会，相关机构也可以更新升级相关的应用程序。学生们建立的是虚拟公司，所以不需要资金，并且因为他们做的是方案而不是真正的应用程序，所以也不需要投入资金。

在外国学生的提案中，有一个应用是把餐厅的菜单放到手机中，通过手机可以看到每道菜的说明。外国学生说，他们去韩国餐厅看着菜单点餐，但是端上来的菜品都是和想象完全不同的奇怪的食物，因此有了这个设想。

这个项目能很好地提高学生们的国际竞争力，激励学生想出前所未有的新奇想法，可以同时培养学生们的创新能力和业务执行能力，有助于让学生们毕业后在国际化的就业环境中占得优势地位。

在 2003 年，也就是我和学生们一起做应用程序提案的第四年，《数码时代报》的社长赵明锡先生提议并举办了"全国大学生创意应用程序征集大赛"，把范围从建国大学推广到了全国的大学。在 2014 年，人民网韩国公司参与共同举办了"韩中大学生创意征集大赛"，把范围进一步扩大了。这次韩中大学生创意征集大赛包括了两国共同关注的"灾难、灾害"问题，以"用青年人的创意来救助生命"为主题。当我向人民网韩国公司代表周玉波提出这个建议时，她回答说："这真是个非常好的提议，集合中韩青年人的力量，一定会有很多非常不错的想法。"

面向未来的创造性项目

制作创意性应用程序的提案，对于马上就要面临就业的学生们也有着极大的帮助。能有几个学生在大学的时候就做过创意应用程序的开发案？这样用自己的想法创建虚拟公司，探索、构想并为实现这个想法而进行研究、向相关企业推广，把自己具体的想法变成现实，这个过程不仅对于我，对学生们也非常的重要。通过这样一种方式，不仅可以让我自己不断地迸发出新的点子，也可以让我知道这个结果对学生们有怎样的帮助，而这也正符合我的教育理念。

我非常高兴地看到学生们的创意有所进展，我把这个课程项目介绍给了平时与我关系很好的金京泰（音译）社长，他当场表示想要看看学生们的点子，如果有不错的创意，可以把它们投入运营，并聘用想出这个创意的学生。

他接着说，"这种有创意项目经验的学生才是企业最想要的高端人才，比起拥有一两个资格证的学生，现在企业更想选拔这样有创意和挑战精神的人才。"

在"2014韩中大学生创意征集"大赛中也涌现出了大批有创意的想法。

现在禁烟区域越来越多，吸烟的空间越来越少，中国学生王胜就从这点着眼，设计了可以让吸烟者找到吸烟区域的应用程序，这同样对非吸烟者也有好处，是一个健康应用程序。

学生崔仁山则设计了自动记录血糖的应用程序，他是从自己患糖尿病的母亲那里获得的灵感，这个创意可以解决患者每次记录血糖和经常要定期检查的麻烦，这个创意获得了未来创造科学部长官奖。如果通过这样的创意想法可以让学生们的未来有一点变化的话，那我就是尽到了教师的本分，内心感到很欣慰。

在人生过程中想要寻找答案的时候，最简单的方法就是先向知道答案的人求教。我在母校北伊利诺伊大学攻读博士学位期间，在修满学分后确定论文题目的时候，和我的导师奥勒姆博士进行了面谈，我对他说："我希望定一个对我拿到学位后的人生有所帮助的题目。"

听了我的话，导师给我推荐的论题是《用 IT 进行英语教育》，我也由此对 IT 产生了兴趣，在取得学位的同时，也推广了利用多媒体进行英语教学的方法。奥勒姆博士对未来发展的洞察非常准确。由于信息和交流技术的发达，我们可以用电子书、电子教室、Ipad 进行教学，到现在，完全开启了智能手机时代，由网络来连结人和事物的超链接社会变成了现实。

未来是留给有准备的人

我现在在网上推动的反对恶评活动其实和奥勒姆博士的想法是异曲同工的。我喜欢创造性的东西，我认为有创意的东西富有巨大的意义，我不喜欢做别人做过的事情。即使做出来的成果再好，也只能是个追随者，追随者的想法是没有人愿意听的。我总是喜欢新的东西，在这些世上还没有的东西里，我最关注那些能让我们生活得更好的东西，一想到这些就会心情愉悦，感觉内心充满了欢乐与活力。

人们从早上一睁开眼睛，就会开始涌出各种想法，我也是这样。如果一坐到汽车的座椅上，显示屏上就能显示体重怎么样呢，如果发明一种降落伞，在发生火灾时能营救从五层楼跳下来的人们，这样每家都备一个多好呀。这样的想法每天都会蹦出来，有时一个小时内就会跳出很多新的想法。这不是只有我才有的经历，每个人每年都会有数百个想法在脑子里瞬间闪过而又消失了，区别是有的人实现了他的想法，而有的人却没有。

20 年前我就想过，要是能在我的房子里面安一个电梯的按钮，这样我出玄关前就按电梯，可以把等电梯的时间节省下来。最近已经有公寓进行了这样的设计，我只是想了想，但有人却把它变成了现实。

想出新点子的方法就是要打破常规，这意味着要一直思考不要停歇，也意味着要用新的视角来看待事物。所以一旦有了想法，就要马上行动，首先要为了实现这个想法而做很多具体的准备，也可以请相关的人员来帮忙，也可以做一些调查，并且要从各个方面探索和寻求实现的方法。有困难的话，把困难解决掉，不断地修正完善计划，这样一点一点把每个结打开，你就会发现自己已经到达了想要去的地方。

一般人们在想新创意的时候，总是先预测一下这个想法能不能赚钱，我认为这种行为有碍于发挥创造力。脱离对金钱的贪恋，也不要先想着自己的私利，而是考虑对社会有没有帮助，这样很容易就能想出好的创意。别的人因为不能赚钱干脆就不去想，反而是这样的领域最有潜力。

我现在构想的创新性应用程序创意中，有一个是预防长白山火山爆发的应用程序。因为有关学者谨慎地预测，未来 20 年内，长白山火山有可能会爆发。万一长白山火山爆发，附近居住的包括中国人、朝鲜人乃至韩国人都会遭殃，那将是一个国际性的大灾难。现在地震学家使用的方法是探查火山内部岩浆运动来预测火山爆发。我则用完全不同的另一种方式来预测火山爆发。

大部分人会认为这是跟自己毫无关系的非常遥远的事情，因为他们认为灾难这样的事情是只在新闻上才能看到的别人的故事。但灾难事件在每个国家都可能发生，如果能开发出这样一个应对灾难的应用程序的话，将会拯救很多生命。这种事情或远或近，也许某一天就会出现在我们的面前。就算没有经济利益，为了公共利益来做这件事，最终对开发应用程序的人只会有好处不会有害处的。

预测和创造未来本来就是人类应该做的事，未来是留给有准备的人的。只是想想的话，是什么都不会实现的，要是连想都不想的话，更是什么都没有。比起什么都不做，虚度光阴，一刻不停的思考才是更好的选择，而且最重要的是把想法变成现实。虽然看起来感到遥远茫然，但做起来就会知道怎样做了，而且会越做越容易，谁都可以做得到。正是因为这样，我和学生们一起做应用程序创意开发才会越来越有动力。

苹果是世界级的品牌，他们的战略开始就是不同的，在宣传产品的时候也不是介绍"要卖什么"而是说明"为什么卖"。这么想会有利润吗？大量的调查有必要吗？只有通过转换思想、改变思维才有可能，并且一直没有停下改革创新的脚步。准备就业的或是刚刚入学的学生们才是最有力的创新人才。在面试的时候，不要总是说"自己为什么要进入这家公司"而是重点强调"自己为什么能让公司发生变化"，并把这种想法以富有魅力的形式表达出来。创意性的人生不是只看结果，而是通过过程来谋求更大的成功。

是自己来创造自己的未来，还是走上别人创造的未来、被人牵着走，是每个人的选择。有人问我："是什么让你喜欢挑战新事物的？"我是这样回答的："是生存。"

我想说的话被史蒂夫·乔布斯称为"求知若渴"（stay hungry），也就是更早前韩国人一直说的"饥饿精神"。

7

做就是 50，不做就是 −50

不要被时间所束缚

成功人士的共同点是什么？与生俱来的特殊能力？困难中的贵人相助？难以置信的斗志和支撑该斗志的韧性？这些话虽然都正确，但并不是在所有的成功案例中都不可或缺的共同点。在他们身上能够看到的共同点便是"尝试"。即他们敢于挑战、接受考验、从失败中站起来并向前前进。拥有创意并乐于将其付诸实践、即使失败也要再次尝试的人距离成功更近。

"本想做，本可以做，本应该做"这样的话是很愚蠢的。未曾尝试便将机会放走，遥望已飞走的机会叹气，这样的场景与年少青春并不相配。当今社会进入了一个心灵受伤比身体受伤更加频繁的时代，于是在自我启发类书籍中关于如何治愈心灵的内容也日益增多。

此类书籍中常提到不要急于求成，在慢慢前进的过程中多窥视自己的心灵；年轻时受苦是很自然的事情，要接受它，并在平凡中寻找点点幸福。对这些说法，我同样也不无赞同之意。

疾风怒涛时期，在充满不确定性的环境下，再认真努力也不知道自己做得是否正确，还会担心如果失败应如何去应对周围的期待。再加上经济、服兵役、就业、升学等各种现实问题摆在面前，会使得那些叫我们加把劲、不要放弃的激励听起来空虚无力。

但是，其空虚感的根本原因并不在于青春这一时期。人类的成就或成功具有必须尝试、挑战、努力方可被创造的属性。当然，每个人的目标会不同，达成目标的速度也有千差万别。因此，没有必要束缚于青春这一段时间。

但是，时间并没有充裕到让我们停住脚步忍受痛苦。不去尝试的人生是没有意义的。即使尚未学习、尚未熟练的刚出生的孩子们也会不断地尝试着做点什么，为了下一个阶段而每天都努力。勉强翻身之后又为了抽出胳膊而焦急，抽出胳膊之后则又会去尝试翻身。成功翻身之后，趴着看到不同的世界，对发生变化的视野感到非常惊讶。然后，在趴着的状态下，拼命抬头，移动胳膊和腿向前前进，接下来则坐起、站立、行走。每做一个新动作，对孩子来说，世界发生了变化，世界观发生了变化。

虽然无数次跌倒，又因不如意而放声痛哭，但仅仅有速度差异而已，最终那个曾经躺着用视线模糊的眼睛只望着天花板的孩子大约过了一年之后，便会自己走路并直接面对外面的世界。在这期间，父母和亲戚们对孩子的小小变化也会给予很大的激励，为孩子的成就而感到高兴，即使有失败，也会对他的挑战给予鼓励，孩子会在那些赞许与激励中成长。这是主宰整个人生的非常单纯的真理。

一步一步迈出脚步时所经历的困难和学习专业课时所面对的难关是相同的。但是，要移动下一个脚步才可以走路，如果因为迈出一个步伐非常痛苦、艰难而不再移动、停住脚步，则那个孩子将不会走路。但是，如果坚持走下去，就可以看得更多、更远。到了下一个阶段，可以跑步、跳跃，也可以跳舞。

虽然辛苦，但是学习完之后越过下一个阶段，最终会发现自己离目标更加接近。而如果因害怕失败而不去尝试，那么一切到此结束。如果因失败的痛苦非常强烈、不愿再去承受而不去做，同样一切就会到此结束。青春应当是充满生机的，不宜用"结束"这样的字眼去形容。

成功的钥匙应该由自己去打造

挑战应持续至成功为止。反复挑战，思索是否有其他方法。总是用新的钥匙开启新一扇门，持续挑战。通过人生这一关时并非只有一条路，也并非只有一扇门。有无数条路和进入那一条路的无数扇门。开启那扇门的钥匙也同样很多。如果用手中的钥匙无法开启，则寻找另一把钥匙即可。如果用新的钥匙也无法开启，可以再用另一把钥匙反复挑战与应战。这就是青春。尝试的钥匙、成功的钥匙都由我自己去打造，我需要创造出无数的钥匙。

努力在当下。即使失败也要按照我现在的决心，带着善意的意志，不断地去努力。失败是礼物，失败的滋味有多苦楚我同样也很清楚。如果把失败当作礼物，把它想成告诉我下一回不再陷进去的难关的指示牌，那么失败将会成为我人生值得感激的礼物。失败是祝福，通过失败可以拥有别人未曾体验过的新的经历。被暖炉烫伤手的孩子不会再靠近暖炉，这是很了不起的经验。失败绝非挫折，它是比别人提前体验的了不起的经验。

如果因为害怕失败而不敢去尝试，那真是一件非常愚蠢的事情。人生总是不断地选择，那个选择将决定未来。每个新学期，我都会向学生们提问，在你的人生当中成功会光顾几次？我会在授课时向学生们这么提问："在你们的人生当中，你们会拥有几个成功的瞬间（During your life, how many moments to be successful will you have）？"

会有说一次或三次的学生，也会有说八次的学生。每当那时，我都会告诉学生是"每一个瞬间（every moment）"。没错，使我成功的机会每时每刻，每一个瞬间都向我走来。过去了之后回想时会说，"啊，那时候我应该抓住它。那个对我来说是个千载难逢的机会。"这样使我感到后悔的机会无数次地向我走来，只不过在当时我并未能领悟到而错过了它。有一句话给我留下很深的印象。那是我在美国时，每到凌晨五点就会播的 FM 电台节目中 DJ 所说过的话，我到现在也仍然清楚地记得当时听到这句话时的感受。

"When someone is injured from a car accident, you don't need to worry so much about the situation because either the person will be recovered or not."

即使某个人发生了交通事故，也无须担心。因为那个人要么马上恢复，要么达到无需担心的程度。这句话的意思是无非生或死。它告诉我们不要沉浸在无意义的杞人忧天中，而是应以积极肯定的视角去看待。

概率有两种，要么成要么不成。如果成，就为了下一个选择再次尝试即可；如果不成，就想另一个方法或者在同一个战略之下再次尝试另一个战术即可。

我一直这么做。先前所说的我第一次去人民网时也那么想，所以我没有心理负担。推开未曾相识的只听过名字的公司——人民日报人民网韩国分公司的门，求见素不相识、从未谋面的分公司总经理。有学生说，太惊人了，怎么可以到完全不认识的新闻单位这么做。对此，我这么回答他："要么对方拒绝见我，要么说我想说的话，两者之一。"

我想即使被拒之门外也不是件丢人的事情。因为我有善良的意图，希望善意回帖运动这样的好事情不仅有中国的青年参与，而且全世界的人都能够参与进来。即使这样的意图未能付诸实践，哪怕会留有遗憾也不至于是丢人、愤怒的事情，所以能够毫无顾忌地行动。

持续不断的尝试是成功的钥匙，在这一命题中最重要的便是善良的目标。尤其当该目标并非为我自己，而是为他人时，成功的可能性会更高。而且，在做那件事情的过程中必定会发生对自己也有益的事情。

我们的人生是由不断的挑战与决定构成的。小到早上是否要吃早餐，要吃米饭还是吃面条，这些也都是决定。有好的选择，也有坏的选择。如果有善良的心，即使因错误的选择而遭到失败，也不会把它当作挫折而是当作一种经验。

如果尝试，至少会得 50 分。但如果不做，那就是 0 分。不过其实并不是 0 分。因为还失去了通过尝试所能获得的最低分 50 分，故不做便是 –50 分。也就是说，付诸行动的人和没有尝试的人之间会产生 100 分的差距。尝试过的人知道开始行动的重要性，开始行动!

You can do it.

人生的垫脚石是人，同样绊脚石也会是人。

阻碍我们前进和成功的人如同潜伏在人生旅途中的陷阱一般。

因为别人的失误，我们可能会误入歧途，也可能会跌落水中。

但每当在那样的瞬间，带我们重新走上正轨的，同样也会是某一个人。

第五章

请寻找能够使你成功的善良专家

1

垫脚石和绊脚石

在无路之处寻找出路

当我们走路的时候，并不总是只有平整笔直的路。经常会遇到诸如岔开的路、绕行的路、死路等需要先停住脚步的路。如果持续有路出现，那还算比较幸运。有时路会到此结束，还会出现绝壁，也有可能遇到河流。走到溪水边或江边时，必须穿过它才可以继续往前走。如果有船或桥就再好不过了。要是小溪，至少得有垫脚石或桥才可以不停住脚步。还有一些障碍物必须得踩着垫脚石跳跃才可以跃过。绊脚石不管大或小，都会给前进的路带来困难。但是，我们只有不停止才可以向前前进。前进才可以到达目标的地方，站在那个目标的地点，方可以享受成就感。

最近正流行走路、徒步，通过这项运动能领悟到很多东西。走路就像我们走自己的人生，可以在其中获得生活的智慧。

在无路的地方必须开拓道路并前进之时，垫脚石与绊脚石才会对我的人生产生巨大的影响。人生真可谓是并不短暂的徒步旅行。垫脚石会使我向前前进，而绊脚石会使我跌倒或停住脚步，这与人生也极其相像。

最近互联网可以连接一切。事物与事物、事物与人、人与人……由互联网成为媒介的连接扩张了关系的概念。当我连接互联网的瞬间，我就会成为一个竖起天线向整个地球发射频率的小宇宙。由此缔结的关系也同样缘于互联网连接之前我们所了解的人际关系。

为了我的成长必须需要的东西

在互联网世界虽然我们面对的是事物，但其背后必定有人，我们不应忘记这一事实。由互联网作为中介作用的连接中，重要的也是人与人之间的关系。这世界的一切事情都在人与人之间的关系中发生。先有人际关系，其后人与互联网连接，再与事物连接，使地球上的一切事物连接起来。

在这一层面上，寻找自己的垫脚石就显得非常重要。给我带来直接利益的人是垫脚石；即使不带来利益，但不给我造成损失的人也是垫脚石；虽然目前不给我帮助，但我需要的人也是垫脚石。

父母、兄弟、朋友、老师，人生的帮助正来自于这样的关系之中。眼下帮助我就业的爸爸的朋友的朋友并不是我的朋友，他是爸爸的朋友。即，直观地说，这是爸爸的帮助。即，给我的人生跳跃打造踏板的垫脚石就是爸爸。

毫无疑问我人生的垫脚石是人。随着 IT 世界越来越进化，人的价值变得越来越渺小。不，是感觉变得很渺小。IT 世界会使我们所希望的一切在系统面前变得可行。可以检索所有的东西，也可以买卖东西，并且在未实际会面的情况下可以进行交流。在这样的环境下很难充分地了解人的价值。

但是，在我需要的瞬间成为我跳跃之踏板的既不是搜索窗口，也不是社交网络的对话窗口，而是给我温暖的我身边的朋友、同事、家人。导师（mentor）、专家（guru）、连接者（connector）等，他们会以各种形态成为我人生的重大力量。给予我实际的帮助，真正让我有力量的是他们。

他们的存在就是鼓舞我的动机，他们所拥有的经验会成为实现其动机的里程碑。另外，他们会站在我实现目标的终点线上，通过激励与祝贺，培养我的自豪感。我身边的"人"是构成我生活的最重要的要素。在我成功之路上必须要有的充足的必要条件。

人生的垫脚石是人，同样绊脚石也是人。妨碍专注与成功的人会像陷阱一样盘踞在人生这一历程中。因为人，有可能走错路，也有可能掉进水里。但是，每当那时，把我拉到正确的轨道并让我继续走下去的也是人。

相反，绊脚石并不是别人，而有可能正是我自己。我的想法、我的话、我的行为等，从我自身出发的问题会成为拖我的后腿、羁绊我的绊脚石。懒惰、不诚实、慵懒等，会成为在我踩着依次排队的垫脚石前进时的最大绊脚石，阻止我的成长。换句话说，引领一个人走向成功的是其他人，而诱使他走向失败的却是自己。

如果我不把自己唤醒并行动起来，我就无法向前前进。我身边不仅有时刻做好准备向我伸出援手的家人、朋友和老师，还有在尚看不见的远处欲帮助我的未来的连接者们，而阻止与之连接的绊脚石就是我错误的行为。如果我正确，目标就会属于我。如果我正确，成就的瞬间终究会来临。

2

连接者、连接者、连接者

引领我的人们

我们每个人都曾在母亲的肚子里。在成为母亲的儿子或女儿之前，我们通过脐带摄取营养。如果没有母亲、没有母亲的子宫、没有脐带，我们就无法来到这个世界。不管别人怎么说，妈妈是连接我和世界的连接者。此后，我们经历婴幼儿期、儿童期、青少年期，我们不断成长，并制定各自前进的目标。每个人的目标都不同，因为想做的、擅长的都不同。此时，必定会有将我引向自己所期望世界的连接者。

没有某个人的帮助，我们将无法进入另一个世界。一切都有可能是连接人与世界的重要的中介。遇到不同的连接者，我的人生航路就可能完全改变。我也有过很多连接者，我想他们的帮助造就了今天的我。

每个人都会有最初的连接者——我们的父母，他们建立了我们与世界的连接。自脐带被剪断的一瞬间，我们开始呼吸世界的空气，开始学习在世上生活的方法。母亲们还教会我们勤勉诚实地生活、重视约定、具有责任感等作为人的基本品德。

指引我走向终生职业英语世界的连接者在我的青春期出现。他就是来自澳大利亚的传教士拉尔夫·费瑞（Ralph Ferret），正确地说他的家人全部都是我的连接者。给我用番茄酱做非常美味的肉丸意大利面的费瑞夫人，和我一起玩遍新村大街的他的儿子格雷格，全部都是将我连接至英语世界的连接者。

费瑞夫人做的意大利面让我第一次感受到与传教士家人在一起的乐趣。因为这道美食太好吃，所以想经常去，而若想常去，就必须要与他的家人一起交流。为了拼命地向他们说明韩国，不知不觉中我的英语进步了。让格雷格说我想说的话并把它录下来，之后一直跟着练习，后来从他妈妈那儿得到了"我还以为放着录音机呢"的称赞，而这样的称赞使我有了更加强烈的学习英语的欲望。就这样英语实力逐渐提高，到了大学毕业那年，英语水平已经达到可以在 KBS 电台做英语节目的程度。

请寻找自己该做的事情

还有将我引向电视节目的连接者。曾在美国留学时，我在某个韩国文化活动中当了主持人，而当时留意到我，后来把我打造成国民英语老师的人便是原大邱 MBC 部长申大根（音译）。当时处于移民初期的美国侨胞们的生活，令我感到非常难过。毕业于一流大学的人在缝制工厂工作、药师在钢铁工厂做苦工、曾是公司老板的人做食品店的杂活儿，这些悲惨情景全都是因为英语实力的不足。我还看到周围有人即使遇到委屈的事情也因无法用英语沟通而无处申诉。这些事情激发了我帮助他们的使命感。

这些美国侨胞虽然都很清楚英语语法与解读，但因为不善于用英语听、说，才过着那样的生活，这时我便想应该找到我该做的事情。待他们知道我曾在韩国 KBS 电台做英语节目的事情之后，不管在哪里，只要见到我，就会拿出写满自己想用英语说的话的便签，向我提问。我对需要我的事情，有相当大的推动能力。我在这里获得了强大的力量，哪怕挤出时间来，也要帮助他们。

此后，我在芝加哥杜鲁门市立大学作为兼职 ESL 讲师教英语，并成为了针对韩国人早期移民者的英语项目的负责人。当时美国人完全不知道大韩民国是一个什么样的国家。一说从韩国来，美国人甚至会问是否有电，是否有汽车。

听我课的学员当中有会跆拳道的人、会古典舞蹈的人等各领域的文化体育人士，我与这些人一起创建了名为韩国文化院的民间团体并开展了丰富多彩的文化活动。

有一次，我在芝加哥市市长出席的韩国文化活动中担当主持人。活动结束之后，在美国出差中偶然出席该活动的 MBC 申大根部长对我说，"我还以为是美国人在主持活动"。他给我递过来名片，让我回韩国的话联系他。

因为那时的缘分，我后来开始在 MBC 电台、电视台教起了英语，并用叫醒全民的早晨闹钟"Good morning everyone. How are you?"这一句成了开启每一天的生活英语的代表人物。

请不要满足于现状

1991 年已经是我在 MBC 电视台做生活英语节目的第十年，在那一年，我突然萌生了继续学业的想法。因为之前我接受申大根部长的建议回韩国，未能从研究生院毕业。住在芝加哥的姐姐希望我成为教授。从家到学校的距离至少有两个小时的车程，但每次去学校时姐姐都亲自驾车送我，姐姐寄托在我身上的期望可以说起到了很大的作用。

不仅有姐姐的期盼，我自己也仍然对未能完成的学业心怀渴望。回想过去，居然已有十年的时间流逝。虽然想重新修研究生院的课程，但由于以前获得的学分已过期限，全部变为无效学分。重新考了研究生院入学考试 (GRE) 之后，我便去找我的导师欧伦博士。他问了我这样一个问题。

"你已经是在韩国以英语教育取得成功的人，可为什么又想学习呢？(You are a successful English educator in Korea. Why do you want to continue to study?)"

我感到有些惊慌。因为原本以为他会理所当然地欢迎我，但没想到遇到了完全预想不到的提问。但是，我一想我有很明确的目的，于是我便这样回答道：

"对我来说，比起至今为止所做的事情，未来更加重要。虽然至今为止我做了教英语或写书的事情，但在未来我要开启新的世界，因此，我想在您的指导下学习。"

就这样，我重新开始了学习。欧伦博士虽然第一印象非常冷淡，但随着时间的推移，我渐渐发现他是一位非常温和的人。

在我学习的过程中，每当一个课程结束或通过重要考试，欧伦博士总是请我到他家里吃饭，并给予赞许与鼓励。20 世纪 90 年代初，当时出席 TESOL 国际大会，广泛地接触到运用多媒体的英语教学、在线教学等有关未来要面临的英语教学领域的激烈讨论。"在即将到来的未来，代替教室的在线教学会增多"，"教师们的领域被侵犯，岗位会减少"等内容出现在讨论当中。我跟欧伦博士参加各种英语学会，并一同发表了主题演讲。在我结束博士学位课程，确定论文主题时，我这样问他：

"我想研究在未来的教学中有所帮助的领域。"

欧伦博士建议在论文主题中包含 IT 等技术要素，我则按照他的指导以运用技术的英语教学为主题写了博士学位论文。欧伦博士对未来的预测非常正确。他不仅对我现在制作的学习英语的应用软件"Auto Speaking"产生了影响，而且还为我授课创造应用开发的课程提供了线索。他是将 IT 与我连接起来的人。

善意回帖运动是我出于作为教育工作者的痛惜的心情开始的，它作为互联网文化运动被介绍到中国的过程中，人民网韩国公司给了我很大的帮助。在 2008 年和 2013 年四川省发生地震时，韩国的青少年为了追悼地震受害者而进行了写善意回帖的运动。在索契奥运会时，还为中韩两国选手进行了交叉助威。这样的善意回帖活动通过人民网介绍给大众，在发生岁月号沉船事件时，中国的网民还为韩国国民举行了追悼活动。

我的路要自己寻找

2014 年 6 月，我受邀在人民网进行了善意回帖演讲。人民网用三个月的时间举办了选定中国十大善意回帖的征集活动，还给优秀善意回帖者进行了颁奖。

善意回帖运动能够以互联网文化运动介绍至中国，中国人民日报人民网韩国分公司总经理周玉波起到了很大的作用。几年前我因为有事去了新闻中心，在那里偶然看到了写有"人民日报人民网"的牌子。

在那段时间，本来就有把善意回帖运动介绍到中国的想法，没想到恰好发现了人民日报的牌子。我就像被吸引一样敲开了人民网的大门。我跟坐在前台的一位女士说我想见公司负责人。稍后，有一位美丽的年轻女士走出来，她就是人民网韩国公司总经理周玉波。我与她的第一次见面，就开始向她介绍我正在开展的善意回帖运动。

虽然在没有提前预约的情况下突然与我见面，但她很认真聆听了我的故事。之后没过几天我便收到了答复，说她想跟我携手把这项活动带到中国。后来她告诉我，第一次见面时她不知道我是谁，在与我道别之后她立马在网上搜索了我的名字。

目前周玉波总经理非常热情地向中国介绍善意回帖运动。她说互联网文化在中国也正在迅速崛起，因此也急需这样的文化运动，而且它还是崭新的沟通礼节。

有一天，RAUM 艺术中心（The Raum）的黄成植（音译）常务给我打来了电话。

"闵理事长，这次荷兰国王威廉·亚历山大（Willem Alexander）访问韩国，由我们 RAUM 来负责国宾招待会。上次您在我们这里举行了波斯尼亚总统夫妇的午餐宴请，我们借鉴您的经验，在与其他酒店的竞争中取胜，于是由我们 RAUM 举办国宾招待会。谢谢您。"

挂完电话之后我也感到非常高兴。这令人心情愉悦的电话也是关于连接者的很好例子。这件事情始于 2013 年 1 月黄成植常务打来的一通电话。

"闵理事长，我现在在 RAUM 艺术中心任常务，借此机会向您问候一声。希望您今后多多指教。"

我当时正在找一个合适的地方，要宴请访问韩国的波斯尼亚总统夫妇吃午餐。我原本考虑的是某一个大型酒店，但走访了 RAUM 之后发现那里是一个适合音乐会和庆典聚会的高水平的艺术中心。由于那次波斯尼亚总统夫妇是以个人身份访问韩国，因此我觉得温馨雅致的 RAUM 比较适合，于是给黄常务打了电话。

"我要宴请波斯尼亚总统夫妇就餐，请准备一下吧。"

就这样，在 RAUM 举行了波斯尼亚总统的午餐宴请，之后，荷兰国王的国宾招待会也得以在 RAUM 举行。如果给对方留下好印象，这就延伸至好事。这就是连接者的存在价值。

所有的概率是 5 比 5

连接者是指在我的人生中带来很大变化的人们。如果没有先前所说的连接者们，我现在会做什么事情？但重要的并不是谁连接我，而是我自己应主动连接。如果我什么都不做，什么都不会与我连接。除了将我们带到这个世界的母亲这一连接者之外，如果自己不主动去行动，则无法连接上任何东西。

如果回顾我自己的人生经历，便非常容易理解。当我初入澳大利亚传教士的家时，如果不想与他们交流沟通，而只吃几次意大利面便了事，那么我将无法与英语连接起来。再有，如果我在芝加哥没有举行面向侨民的文化活动，那么就无法遇到申大根部长，也无法在 MBC 做英语节目。

如果在国内满足于做电视人而没有再去美国继续学业，那么像运用 IT 的教学这类事情在我的人生中是压根儿不会存在的。再有，如果像看无数牌子似的错过了人民日报人民网的牌子，如果因害怕被拒之门外而未主动要求面谈，那么我是不会有机会在中国权威媒体人民网进行演讲的。

这一切的概率都是 5 比 5，成或不成。但是，如果不做就完全没有成功的概率，如果做了就至少会有 50% 概率，所以我们要不断尝试。这是利益可观的生意，一分钱也不投资便获得 50%。自己人生的道路要由自己去寻找并走下去。

我就是我的连接者。

3

承认差异，就可以缩小差距

小差异会成为大个性

有越来越多的外国人会说流利的韩语。韩语说得很流畅的外国人常说，韩语学得越深、了解得越深，越难理解。韩语中的微妙的表现手法让即使将韩语作为母语使用的韩国人也感到难以理解。有一段时间电视里经常在说"效果"一词的发音，现在又经常指出"不同"与"错了"的误用。

韩国人在很长一段时间将"不同的"和"错的"用于相同的意思。最近在说明这意思的差异时会使用英语单词，以"不同"是"difference"、"错了"是"wrong"的意思去说明，就可以准确地理解其差异。"不同"是在作比较的两个对象不一样时使用。"错了"则是在错时说的话，当数量或事实不对或错位时使用，期望或想做的事情进展得不顺利时也使用。这么一解说，两个单词也并没有难以理解的部分，但只要一张口就会经常出错。有人会说这是由于我们的文化在一段时间将不同视为错误。

经常使用"他和我们不同（实际说成'错'）"、"你的想法（与我的想法）不同（实际说成'错'）"等形式的语言，或许在无意识中认为不同就是错误。

但是，我们现在生活在一切都被连接起来的超链接社会（hyper connected society），以融合为基础的物联网（Internet of Things, IoT）将人与人、人与事物、事物与事物连接起来，改善人类的生活。由于智能手机等移动设备的灵活运用，家、学校、职场、家电、汽车等各种事物可以连接至互联网。IT 领域调研企业 Gartner 预测在未来 5–6 年间，能够连接至互联网的设备将增加至 250 亿个以上。

例如，"智能大巴"可以通过车辆入口处的传感器自动掌握乘客数量，将其传送至主计算机中，就可以掌握可乘坐的乘客数量。而乘客们则可以使用专用 APP 来减少上下班时间的混乱。此外，与"智能手机"联动的"智能手环"可以将患者的体温和血压等医疗信息实时传送给医疗人员，可以具备针对患者的危机管理能力，真可谓将迎来时时刻刻连接所有事物的革命性生活环境。此外，有些未来学者们在构思，在人类的大脑中安装知识信息的芯片。

请寻找自己与别人有什么不同

当今社会是个小差异造就大个性的时代。如果不承认这个差异而蔑视或敌对它，则很难生存。因为我们都长得不同，而承认它、尊重它的世界正在成熟当中。

按照这种思路可以得出如下结论，即从任何人身上都可以感觉和学习任何东西并得到领悟。可以从四岁小孩儿身上感受纯真，也可以在年岁已高的老人身上获得智慧。并不是因为与我不同而没有可听、可看的东西，因为与我不同，才要看的更多、听的更多。承认差异，就可以缩小间距。就因为不承认差异，才成为冤家对头。另外，错误地理解平等的含义，认为所有事物不存在差异才是平等，这样的想法也有问题。

我们每个人都不同。我们生活在多样化的社会里。如果不承认差异与多样性，则无法迈步向前。我也是和他相同的人，为什么无法得到那些？我为什么无法享受那些？我为什么不能像他那样成就一切？从这样的提问中寻找这个社会的多样性与差异是一件很愚蠢的事情。结果有差异是因为动机与过程也有差异，结果是包括了我的努力与诚实的能力的差异。缩小那些差异就会成为自我发展的捷径。

承认差异，就可以缩小间距。只有承认差异，我才可以超越。找到我与别人不同的差异，就可以更加靠近成功一步。肯定了别人，我也才能得到肯定。我们都很清楚互联网上的无数恶意回帖，是来自那些认为与我没有什么不同的艺人们却拥有这世上的一切而感到心情不悦的"网络暴力者"的行为。

就如同我的职业是学生一样，只不过他们的职业是艺人而已。如果承认差异，就可以看到那个人并不只是艺人而是拥有艺人这一职业的跟我一样的一个人，是与我没有差异的人。

如果切肤感受到我们同为人的事实，就不可能随便责难别人的人生、别人的未来，而是可以去助威、予以鼓励。差异毕竟是差异。而且其差异之间的距离感肯定会存在。但那间距并非是绝对的，而仅仅是相对的距离感。这就取决于我如何去看待这一距离，它可以是蚂蚁的前腿与后腿之间的距离，也可以是月亮与太阳之间的距离。哪一种会使人心里更舒服呢？

我们这个时代承认多样性，而多样性便成为价值。作为生活在这一时代的年轻人，能够领悟到与他人的不同是非常重要的。

4

习惯即为你

三岁习惯，八十不改

习惯造就行动，行动改变人性。有捡垃圾经验的小孩绝对不会乱丢垃圾，参与过善意回帖运动的学生不会写恶意回帖。我相信好习惯酿造好行为、好行为造就好品性的这一良性循环。

我们在无意之间所做的行为大部分都是习惯。在词典里查找"习惯"这一词汇，便会最先出现"因多次重复，自然而然产生的行为"的解释，那下面又有"长久以来很难改掉的性质之意"的解释。

将这些综合起来，也可以理解为"因为是多次重复，自然而然的行为，因此具有很难改掉的性质"。"三岁习惯，八十不改"这句话听起来像个老掉牙的话，但实际上这句话的含义真的很可怕。

习惯的属性就是好的很难持续下去，而坏的很难改变。而且只要被染上一次，则不容易改变。

那么答案就很简单，也可以这么理解：虽然养成好习惯很难，但只要一养成就会跟随一辈子。放在已经听厌了的"三岁习惯，八十不改"

这句话中思考，就意味着三岁时养成的好习惯将会持续至 80 岁，这岂不是很好的事情！

　　突然想起大儿子小时候在家里搞生日派对时来的一个孩子。那个孩子是与司机叔叔一起来的，但一直在发脾气。他好像有什么不满意的地方，多次用脚踢那个叔叔，还伴随着辱骂，一直发脾气，当时看到那一情景，我非常惊讶，很难想象这个孩子长大之后变成什么样。

　　勤勉、诚实这些品德大部分都是习惯。虽然也需要一部分努力，但变成习惯后，这些品德就会成为日常生活的一部分。每当新的一天开始，我都会像其他人一样，习惯性地打开电脑，将我事先记录下来的当天该做的事情列表按照优先顺序进行计划。处理积压下来的事情，并把新想起来的想法记录下来。

　　第一次见到我的人们会回想起他们第一次听到《闵丙哲生活英语》节目时的情形，就会称赞我比想象中的要年轻。另外还有一些人会问我保持青春的方法。我的答案很简单。

　　"请在镜子中看自己的脸。今天是我人生中最年轻的一天。心中想着从今天开始我打扮我现在的形象，过了十年之后会比周围的朋友们更加年轻，并以这种心态从今天开始打扮自己吧。"

　　在芝加哥学习时，我与妻子经常去叫多米尼克（Dominick's）的超市。收银台上一同摆放着糖、口香糖等小物件以及各类小册子。主要是一些整理了减肥方法、预防糖尿病及高血压的方法等内容的小册子，其中有一本册子题目为《预防皱纹的方法》（ *How to prevent getting wrinkles* ）。这本书起到了给我脸上带来青春活力的作用。

　　书中介绍了非常简单的皱纹管理方法，例如，在洗脸时要给脸部供应充足的水分，在脸部湿润的状态下，抹上护肤水、爽肤水等润肤滋养霜之后，沿着皱纹的方向轻轻按摩。

　　到此为止是每个人都知道的常识。我在此基础上再增加了一项，那就是给我的心灵供应水分。即回想我人生中快乐的事情，遇见妻子、孩子们出生时的喜悦等在我生活中愉快、积极的事情。这已然成为我的生活习惯，而我认为这一习惯使我比起周围朋友们显得更加年轻。当然，善意回帖运动也是给我的精神供应充足水分的事情。

　　如果我养成了一到晚上就去喝酒、手里不放下烟卷、比起运动更加爱看电视等这类习惯，那么就不可能得到那样的赞许。这并不是下决定"一定要做"或特意写在时间表上按照计划实践的需要有毅力的行为。这是无需特别的努力便可以做到的日常的习惯或习性。习惯积累成为日常，日常积累就成为人生。

　　有些人可能会一进家门便去洗澡，然后再去吃饭或看电视。而另外一些人则可能一进家门先不洗澡、放下包，不脱衣服便拿起电视机遥控器坐在沙发上，这是习惯。对于哪个更好或哪个不好，每个人都会有不同的看法，但这些行为会引出下一个行为。

　　前者的情形，回家洗完澡之后开始了在家里的活动，首先会很轻松，等于少了一件该做的事情。接下来，可以去思考是否要洗脱下来的衣服，而且因为已经洗完澡很干净，还可以直接上床睡觉。

　　后者的情形，如果所看的电视节目有趣，那可以在那个状态下维持数分钟到数小时。接下来，如果感到饥饿则会在维持那个状态的情况下吃饭。一般来说，回家之后不换衣服、也不洗澡便沉迷于电视节目的人，很少会好好地坐到餐桌上吃饭。往往只是为了填饱肚子草草吃饭，而后也会在疲惫的状态下直接入睡。

　　虽然只是很小的习惯上的差异，但后者的情形就有容易得病的危险，如感冒等，而且下班之后的整个晚间时间都给浪费掉了。那个时间对他来说就如同不曾存在。

其实一进家门便做的行为在我们的人生中并不是件那么重要的事情。有人会喜欢先换上衣服、洗澡，而有人会喜欢先放松，随心所欲之后再做接下来的事情。但我们必须要知道如果这些行为成为习惯，那么它就是日常、生活，而且还要知道那本身就是我自己。

小习惯造就精品人生

我是往返于美国与韩国之间做了 MBC 的电台节目。那是一天 15 分钟的电台节目。我不想辜负电台那边信任我而为我做的约定，且既然要做就想做好。在一年六个月的时间里，我一次也没有失约或迟到。企划、结构、制定台本，即使没人叫我那么做，我也充分做好准备后上飞机，为了完美说出内容而做了无数次的练习，那是一种习惯。到后来那么做反而变得更加舒服。

之后的某一天，我收到一份建议，叫我负责每天 30 分钟的电视英语讲座。刚开始这令我感到很有压力，但是制作人非常诚恳地嘱托我，而我的挑战意识也渐渐燃烧起来。我想我能做到，我想挑战一次。就这样开始的《MBC 生活英语》播出了十年。后来才听说，电视台当时被我始终如一的品质感动，因此安排我承担更重要的工作。我的习惯在他们看来是诚实的表现。

努力缘于习惯。以前经常会说"升入好大学是反映初中和高中时期有多努力的一种尺度"。虽然除了努力，还有许多重要的品质，但基本上踏实努力的学生都能够升入好大学，我想任何人都不会对此提出质疑。关于好大学是否造就满意人生的议论暂且不谈，踏实努力的终点终究会向着好的方向。我认为踏实努力是良好的习惯聚集起来的状态。良好的习惯听着容易但做起来很难。

早睡早起会带来适合身体与自然之节奏的良好循环。早起的人的一天会比晚起的人要长，在那些所获得的更多的时间里，可以做更多的事情。

慢慢吃饭、以正确的坐姿学习、忠实于所承担的任务或与他人缔结的承诺、无条件遵守约定，这是踏实努力的人所具有的气质。另外，认为长辈的话必有其作为先行者的道理，并表现出与其无条件反抗不如尝试接受、遵循的态度，这同样也是踏实的学生们所具有的共同点。世上没有希望学生误入歧途的老师，也没有希望子女走错路的父母。

养成好习惯，并坚持下去并非易事。而向周围的人宣示自己的决心则可以帮助我们坚持下去。抽烟的朋友，从今天开始向周围的人们宣布要开始戒烟吧，大家的监督和帮助会让你更有动力。我的儿子在结婚之前未能戒烟，但自从他承诺如果结婚必定会戒烟之后就成功戒烟了。如果某件事一个人做起来有困难，就最好接受周围人的帮助。如果与你共同生活的人站出来与你一起做，该习惯就会变得更加巩固。

"细节铸造卓越"，这是一家全球性企业的广告标语。把它应用起来，则可以说小习惯造就精品人生。好习惯将带我们走向美好人生，好习惯便是美好的你。

5

成为国际人才的方法

抬眼看广阔的世界

每天的新闻内容当中必有一条是有关大韩民国教育的问题。作为一名教育工作者，每当看到这些新闻的时候，我都会很心痛。我们教育中的问题被指出来并不是一两天的事情。它是总能听到的故事，所以我一辈子都在思考着，仅仅是变换了主题而已。30 年前存在的问题在当今仍然成为问题。这一方面意味着我们的社会无比关注教育，但另一方面也说明我们的教育的确存在着问题。

我们都想成为人才。长大以后，又想成为人才的父母、人才的老师。想成为人才的时候和想成为人才的父母的时候，其所期望的人才形象是相同的。通常会说，若想实现它，最好的方法便是在所属的集团、那一群体里排位靠前。

上游排位竞争从幼儿园就会开始。辨别能力可谓是作为人才备受瞩目的最重要的要素，此时，考试成绩便会成为重要的标准。随着学龄前学习英语的孩子逐渐增多，很多人会把刚上小学的孩子送去留学。根据父母的经济情况，或家人一同前往，或父母中的一方陪伴，而另一方留在韩国工作赚钱，韩国人称留在国内工作赚钱的一方为"大雁爸爸"或"大雁妈妈"。

有些父母怀着"情况再怎么糟糕，至少能学会英语吧"的想法，把未满 10 岁的孩子送出国开始留学生活。

留在韩国的孩子们又会怎样？小学一年级学生也要接受课外辅导至晚 9 点才回家。到了小学高年级便开始学习初中数学课程，以准备入学考试。凌晨 1 点入睡，5 点起床，头悬梁锥刺股，只为进入名牌大学。

即使成功进入自己所期望的大学，他们的学习过程并未结束。因为还有真正的战争——就业战争！

大学已然成为准备就业的学校。在所谓"文凭"的美名之下准备各种比赛，参加海外语言进修。把所有的时间放在准备就业上，准备、再准备，而后便就业。到了这种地步，就应该接近于从幼儿期就开始准备的人才形象了吧。但是，不管社会、父母，还是自己本人，都觉得不满意。究竟哪里出错了？

首先应改变想法。互联网等基础设施的扩张将地球变为真正的地球村。我们没有达不到的地方。并非只有大韩民国是我们的立足之地。局限的视野会令我们的人生乏味，而把目光转向世界，人生将会变得更加广阔，生活会变得更加富足。

现在的大学无法培养企业和社会所需的人才，这是大学所面临的挑战。即使大学毕业也很难就业，而即使成功就业，若想成为企业所需的人才，则又需要接受另外的培训。需要由企业投入很多费用与时间，方可以成为企业所希望的人才。问题出在仅仅把就业环境局限在国内，试着放眼全球，同时把教育的焦点放在企业所需的人才培养上，则会使年轻人的选择幅度变宽。在这无限竞争的全球化时代，在全球性企业寻找人才的领域中查找适合自己的领域并启发能力、集中学习和训练。在这一过程中，英语的重要性不言而喻。

不去国外也可以成为国际人才

我们是卓越的民族。具有勤勉诚实、头脑清晰、有推动力等这个世界需要的国际人才形象。因此，只要提高英语水平，展示真实的自我即可。那么，要想学好英语，就必须要去留学吗？不是。没有必要为了学好英语而把年幼的子女送到国外。我一直反对为了英语甚至拆分家庭去海外留学的做法。

小学生的年纪，不仅对于英语，对母语的学习也是一个非常重要的时期。这一时期也是形成人品的时期。此时需要一同学习本国的文化与语言，如果在这一时期去海外进修英语，那有可能一不小心连自己的母语也学不好，同时也会影响对本国文化的认同感和理解度。

再说，与过去不同，我们现在生活在不去海外也可以学英语的时代。可以通过互联网学习英语，周围也有很多英语外教。如果家长们能够找到正确的教育信息，在韩国也能充分学好英语。

这是最近我妻子与她的朋友交谈过的内容。这个朋友在女儿 20 岁时把她送去美国，13 年间过着分隔两地的生活，而后女儿结婚回韩国，可每当与母亲对话时便出现冲突，使得这个朋友诉苦她已不再是自己养的那个女儿。20 岁时送去国外就已经是这种程度，那么将处于语言与人品的形成期的 10 来岁的子女送去国外，结果会怎样便可想而知了。

只要父母稍微费心，就可以有效地教子女学好英语，给孩子们创造总能接触英语的环境就可以。多让孩子们接触英语童话、英语电影等，提高视听频率，让孩子们把学英语当成娱乐。

也有一些孩子，他们没有海外进修经历，仅靠国内学习的英语就在中学一年级时考的第一次托业考试中取得950分以上的高分，在英语会话比赛中获奖等。这些孩子所做的仅仅是阅读英语童话书，观看适合儿童的童话电影。

孩子们大概到了3岁就开始说话，此时是适合同时学习一个以上语言的绝佳年龄。我个人认为从5—6岁开始学习会比较适当。也有意见指出太小的年纪学英语容易产生混乱，但这是杞人忧天。在正常的家庭生活中，在说母语的语言环境下自然接受并熟悉外语并没有太大的问题。只不过当父母强迫三岁小孩只说英语而不让说韩语，给孩子施加压力来营造一个强迫式的英语学习环境时，问题就会变得严重。

从幼年时期就开始接触学习外语的确非常重要。比如移民美国的人，成年人即使过了10年也很难说好英语，但孩子们仅仅经过6个月到1年，就可以用完美的发音听说英语。举个例子，住在地方城市的小孩6岁来首尔，就能马上说首尔话，但如果过了学习语言的黄金年龄12、13岁，则一辈子难改方言口音，这恰好证明了这样的事实。

更加重要的是学校里的教育。我只要有机会就会说，要尽快摆脱为了考试而指导的以语法、解读为中心的教育，方可以使孩子们，以及全民的英语实力得到提升。为了让我们国家的人们说好英语，要在小学一年级开始进行以听说为主的英语教学，更重要的是，要将入学制度中的以语法与解读为中心改为以生活英语为中心。另外，毕业之后要进入职场，那么，招聘考试中也不应以托业、托福分数为主，而应以实战英语为中心出试题，这样才可以解决问题。

即使能够读好、写好英语，但如果无法说出自己的见解，那就没有任何用处。托业分数950分的员工一有国外打来的电话，就把它急于转给其他人，这样的故事并不是幽默。在美国公司，当一位美国同事向正在读《时代》杂志的韩国员工要扳手 (wrench) 时，后者将其理解为午餐而给他带来便当。这样的事情不应再重现。

英语是国际人才必须要具备的能力。但是，会说英语不一定能成为人才。

我经常说英语是勺子。也就是说，它是吃饭的工具。如果没有可以盛的饭，再怎么会用勺也会感到肚子仍然很饿。所以必须要有丰富的内涵，才能进行对话、沟通。能够读懂英文评论的人，遇见外国人时只会说一些幼儿园小朋友之间交流的内容，是一件非常丢人的事情。

重要的是形成自己的东西，以便可以说出自己的意见。要做到这一点，阅读量与讨论尤为重要。此时，如果实力达到一定程度，则读全英文书并进行英语讨论也将起到很大的帮助。如今并不是知道的越多就越有力量的年代，谁都可以轻而易举地在几秒钟之内搜索出自己想了解的信息。将知识变成自己独有的想法而不是信息时，才是真正的能力。

要拆解 – 重组就需要有自己的独立判断，而读书与讨论是重要的手段。本国的文化与各种海外文化的经验会使我们更具有丰富的思考能力。所以比起语言进修，我经常会推荐文化进修，只学会语言没有太大的意义。而且，就仅仅为了学好语言，而远离父母或远离本国的语言与文化，也是一种很大的损失。干脆在放假时或长大之后，在能独自体会的阶段接受新文化的刺激更好。

世界需要真正的国际人才。只有成为国际人才时，离实现自己的理想才更接近。想成为国际人才，仅凭课堂学习和就业准备是远远不够的。

我们有必要重新描绘自己、父母、社会、国家、世界所希望的人才形象。

6

用英语走向世界

《做英语的主人》并不是英语教材类书籍，而是一本励志书。此前虽写过多本实用英语类参考书籍，不过出励志书尚属第一次。在大学或讲演时遇到的学生，或者刚刚步入社会的青年中，有很多人都在为英语烦恼。虽然每天都在恶补，但英语实力没有长进却成为拖后腿的绊脚石。

作为一名实用英语教学工作者和教材编写者，我积累了相当多的英语笔记。我希望成为这些人的引路者，告诉他们如何充分运用英语这一语言工具让自己变得更出色。

这个方法可以简要地归纳为"突破以语法为主的英语学习习惯，用自己独特的内容决胜负"，这就是核心内容。比如与对方谈话时，有些话深入人心，有些话则不然。人类是以自我意识为中心的动物，因此很容易记住与自己有关的信息，与自己无关的则会忘记。英语学习也是如此，在谈论与自己相关的话题时，往往两眼发光、大脑活跃。成年人都深感生涩的恐龙名称，7 岁小孩却可以倒背如流。面对本人需要的信息，总会耳聪、嘴勤。

　　如果把英语当作一种工具来使用，就不能将英语视作贵宾高高捧起，而是要做英语的主人。为了做到这一点，就要放下贪念，调低期望值，制定具体的目标，将目标定位于能够进行交流的英语水平，而不是极其流利的英语水平。此外，正如前所述，对于属于自己的生活、业务等领域的内容应进行反复训练，反复使用就不会忘记。只要具备基础的词汇量、基本句式，口语开窍就是时间问题。采用这种方法再加上适当的时间投入，不知不觉间英语就变成了我们的助手，并为我们工作。如果将英语视若贵宾高高捧起，到头来英语只能变成我的主人。

　　北京奥运会之前，来自韩、中、日三个国家的学生参加了在北京举行的英语竞赛。当时，我带领韩国学生代表团参加比赛，结果着实吃了一惊。让我吃惊的正是中国学生的英语实力，不仅是参加比赛的学生实力超群，甚至在北京街头遇到的年轻人同样非常擅长英语。

　　当时，我曾向中国参赛学生提出过有关英语的问题，他们表示没有经常可以接触的外教。因此，他们为了提高口语水平，彼此见面时无论在哪里都会用英语交流。此外，发现外国人路过时不惧旁人眼色，大胆地走上前主动交流。我这才明白他们的英语水平为何会如此优秀。

　　中国非常有名的"疯狂英语"创始人李阳，他提倡的教习法同样是疯狂地说英语。热爱丢脸、追求完美的疯狂操练精神正是他提倡的方法。也就是说这种方法可以扫除畏惧，而在扫除畏惧的过程中会自然地扫除羞涩，进而可以进一步提升口语水平。我经常通过讲演或者举办活动提倡"做英语的主人"，在中国我再次切身体会到做英语的主人为何如此重要。

　　促使自己提升英语口语的动力在于始终不忘要说好英语的理由。

　　在当今社会，若想得到更好的机会，就没有比英语更重要的工具。

与世界交流时最基本的语言就是英语。在此再三强调，有一件事情绝对不能忘记，英语是吃饭用的勺子，绝不可以试图吃掉勺子。一旦成为英语的主人灵活掌控英语，就可以在使用这一工具的过程中，感觉到自身的变化。

中国是礼仪之邦，而在中国青少年口中扫除了畏惧与羞涩的英语，将会更加拉近沟通的距离。试想一下，站在纽约的时代广场前，手持麦克风进行采访的场景。向美国人提出采访邀请时，会有多人跑过来表示愿意接受采访，而韩国人却恰好相反。我们一定要努力多表现自己，这样做会改变性格。要向对方更加热情地表现主动性时才能进行对话。只要不断地说英语，文静且性格被动的人也会变得积极主动。这也是将英语作为工具使用时，我自己取得的积极效果。

7

三人行，必有我师焉

三人行，必有我师

　　这是孔子所说的一句话，意思是三个人走在一起，其中必定有可以做我老师的人，指的是每个人都有值得自己学习的地方。不仅要向学识低、年龄小的人学习，甚至从乞丐或懒汉身上也要通过反面教材做到自省，这不愧是出自孔子之言。对我而言，这句话尤为切肤铭心。总是站在教师的立场面对学生，难免会陷入错觉，认为自己所处的地位比学生高。然而，我不断努力避免陷入这种错觉，不断提醒自己我是帮助落后学生跟上进度的人，要树立正确的自我意识。

　　上课时只要条件允许，我就会努力进行与学生交换意见的互动课堂（ interactive class）。讲课、提问、作答的过程中，教授与学生之间会自然地产生交流。无论是坐在第一排努力将我说的一切都记在脑海里的学生，还是认真发言时发音虽然欠缺但却难掩数十次练习痕迹的学生……他们的热情和学习态度始终鼓舞着我。我之所以还能够像现在这样挑战并学习新领域的知识，正是因为有努力学习英语的学生。

不仅是学生，我周围所有的人都是我的导师。如大获成功的企业家、社会运动家、与乐器合二为一的音乐家等，他们都是带给我无穷灵感的导师，通过新闻或书籍接触的人同样是我的导师。我非常喜欢收看海外报道，虽说世界正在变小，但收看在世界各地发生的各种事件时，时而会遇到感人的内容，时而也会遇到令人叹服的内容。阅读著名人物或留下丰功伟业之人的采访或自传时，就会关注他们此前曾付出的艰苦努力。

只要学习态度端正，无论处在什么样的情况或环境都可以成为优秀的人。在纽约后街垃圾堆里出生的 Khadijah Williams 就是个好例子。她过着捡垃圾果腹，睡集装箱的悲惨日子。她看到无家可归之人，并未对自己的人生产生悲观，反而省悟不能像他们那样。她称"大马路就是世界上最宽敞的书房"，阅读别人丢弃的报纸，即使处境窘迫仍要坚持每月读五本以上书籍。为了使自己看上去不像个露宿者，她始终努力保持服装的整洁和端庄的马尾辫。她凭借对学习的渴望和努力，终于收到20 所美国名牌大学的入学通知书，最终成为一名哈佛大学的精英学生。

从她的身上可以学到什么？露宿者也可以变得很优秀这一点？要么反省一下自己目前所处的环境有多么幸福？为了从她的身上领会真正的教诲，应该进行深层思考。不向困境屈服，而以乐观的想法迎来了逆转，在这一点上我认为应该将她列入导师行列。正是这种想法的差异令 Khadijah 没有变成露宿者，而是成为了一名著名学府的全额奖学金得主，她给自己创造了一个能够尽情学习的人生。

以这种思维看待世界，你就会发现这个世界导师无处不在。这个地球上有多少人口，就有多少位孔子。要学的多如泰山，要得到的同样也多。经常一起玩电游的朋友，他的身上也可能有很多值得学习的长处；

只会撒娇固执己见的妹妹，她的身上也有值得学习的地方。睁开双眼，开启心灵之门，就会发生变化。没有人会对欣赏自己的人刻薄相待。在这个世界所有的人互为影响，而且所有的人都是既是导师又是弟子，只有生活在这样的世界的人才能不断前进，并能获得自己想要的东西。现在请扫视周围吧，看一看自己的身边到底有多少导师和孔子。

8

谁都未曾触摸过的明天

一位正在服兵役的军人在哨所站岗，这是极其平常的一天。但是就在眨眼的一瞬间，一辆汽车冲撞了哨所。待军人醒来时却发现自己躺在医院的病床上，并且听到因这场事故需要截肢的噩耗。

最后，接受截肢手术之后的他还在医院做了10个月的康复治疗，期间女友一直陪伴在身边。出院之后，他醒悟到女友、父母、家以及这个世界都没有发生任何改变。同时觉得自己只不过少了一条腿，也没有太大的改变。他鼓起勇气决心成为一名滑雪运动员，他希望证明即使少了一条腿也可以成为一名滑雪运动员。就这样经过不懈的努力，他终于实现了自己的愿望。

每到冬季他就去滑雪，夏季则去游泳。如今，他成为了一名游泳教练，教双腿都健康的正常人学游泳。虽然他本人丝毫不觉得不便，但一开始看到他少了一条腿的身体时，其他人却表现有点不自在。不顾他人的异样眼神，他将所有的热情和诚意全部倾注到游泳教学之中，现在没有任何人觉得他的身体有残疾。

目前他正在备战2018年平昌奥运会。之所以想要登上奥运会舞台，是因为儿子。他希望向儿子证明，爸爸并不是少一条腿的残疾人，而是出现在电视荧屏上的滑雪运动员。

没有人可以预知明天。谁都不可能知道明天到底是延续今天的平稳，还是像今天一样劳累。明天对于每个人来说都是最公平的，因为谁都无法触摸明天。今天竭尽全力完成自己的任务，也是为了明天。

做善事也是如此，带着善意关怀他人的人对明天的恐惧也更少。正确而正直的决定可以减缓对未来的不安情绪，即使一场全然无法预测的不幸突然降临，积极善良的心态也可以从更大的不幸之中挽救未来。认为明天也是没有任何变化的今天的延续，于是干脆就不努力的状态我们叫做挫折。坚信明天更好，相信今天的努力一定会换来更好的明天，这种信念我们称之为希望。

当然，这两句话都是我们凭自己的信念这样称呼而已，并不是确实可靠的状态。我们相信光明，明天就是希望；若不然，就是挫折。今天倾注多少努力，明天就带给你多大的回报。向学生们问起能不能预测未来，回答的自然是"不能"。预测未来的最佳方法就是自己创造未来，创造未来就始于认真生活的今天。

应该为善意的目标、善意的目的而竭尽全力。我相信做一点能够帮助他人的事情，就是走向成功的路。不是为了自己，而是为了他人做某事时；不为一己私利，而为大家的利益努力时，才能距离成功更进一步。

1970 年，刚刚移民美国的第一代侨胞因语言障碍蒙受了各种损失。一位居住在纽约的韩国女性出去工作期间，独自留在家里的儿子一个人玩耍时被掉落的电视机砸伤致死。事件发生之后，孩子的母亲向警察说道"是我杀了我的孩子"，而警察信以为真，最终该女子在铁窗中度过了五年时间。当然，这是韩美两国文化差异所导致的一起奇特案件。

如果不理解因恶意回帖饱受痛苦的人，对他们经历的痛苦没有产生共鸣，也不会开始这场善意回帖运动。也许出于帮助他人的想法而决定做这一运动的那一刻，好事就找上了我。只要带着善意竭尽全力，明天就会属于我，用善意和正直创造的未来则会真正站在我这边。

目标的实现并不意味着人生意义的全部实现。

即使用尽毕生精力实现了追求已久的目标，

也并不能代表人生的成功。

只要人还清醒，人生便在继续，目标也在不断更新。

我们不能停止飞翔，因为现在离接收降落信号依然遥远。

第六章

最终，善良的人成功了

1

人生的赛程要看得长远

时间是过程也是目标

不久前我读了一则新闻。是一位 90 多岁开始学英语的老奶奶给一起学习的人们写的信。

那位老奶奶一直努力工作到 60 岁，从一个体面的职位退休了。多年来老奶奶因为做了很多工作，备受人们的称赞，她自己也因拥有了成功的人生而感到满足。因为多年来做了很多工作，老奶奶感觉不到还需要再做些什么，她觉得余下的时间是人生的礼物，就这样度过了 30 年。然而到了 90 岁，老奶奶忽然感到十分后悔。30 年是人生三分之一的长度，然而她却什么都没有做，只是盼着时间快点过去，老奶奶忽然觉得流逝的时间十分可惜，所以她开始去上英语补习班。新闻的最后说，老奶奶为自己设下了一个目标，希望五年之后，自己可以用英语在人们面前演讲。

一位美国教授给我发了一封邮件，说自己有好事要和我分享。内容是他的妻子最近开始学习打字了，她说学会打字后要去做秘书，这令他十分受鼓励，他希望我也能为他 56 岁的妻子设下的人生新目标加油。

我是一个一直以来不太考虑年龄问题的人。但是每当听到 90 多岁的老奶奶为了 95 岁的时候能够用英语演讲而快马加鞭学习英语，还有 56 岁的女性为了做秘书工作而开始学习打字这样的故事时，那些数字还是会让我很心动。

对于一个人的一生，会思考的更多，会思考有目标的人的未来和没有目标的人的未来，也会思考只把认真做事当做目标的人和先设下明确的目标然后朝着这个目标努力的人，他们的成就会有何不同。这个有趣的故事让我思考了很多。

在向着目标奔跑的途中，你会感觉到这条路十分漫长。但是当你接近目标的时候，辛苦的记忆会逐渐被遗忘，只会留下获得成就的甜蜜。所以如果最终达到了目标，日后回忆起的时候，会像做了一场好梦一般短暂而美好。

人生有短有长，但只要还没有停止呼吸，人生就没有结束。而且我认为，并不是说停止了呼吸，人生便结束了。通常我们要组成一个完整的家庭，会包括我们、子女，还有孙子孙女，一家三代。有时我也会想，对于我做的某一件事情，我的孙子孙女们会怎么想。我受到了我父亲的影响，而我的父亲受到了我爷爷的影响，每个人都是如此。从这种层面的联系上来看，我的现在就是以后孙子会思考的过去。这样一想，我便觉得自己的人生很重要，而且重要的时间将会持续很久，因此要加倍珍惜光阴。

飞机要一直飞行

因为科学发展的辉煌成果，人的寿命不断延长，这是过去所无法比拟的。出生后三年以内，我们就会接种各种疫苗预防疾病；每年都进行体检，通常在疾病萌芽之前就将它斩草除根；媒体三天两头就宣传养生方法。虽然现在打破了平衡，老年期比幼年期、青年期和中年期都要长，但是如果不在乎人生的时期，总是以饱满的状态坚定地生活的话，即使是一百岁的人生，也不会像想象中的那样苦涩冷清。

以后我们的社会，重要的将是是否有能胜任该职务的能力而非年龄。因此，我们应该摆脱之前青年期应该做什么，中年期时要达到什么样的程度，老年期的时候要怎样度过这样固定的想法。在健康允许的前提下，一定要在某一个时期做什么事情，然后在另一个时期要做什么样的事情这样的公式就变得没有意义了。处于青年期的我，即使和其他人不同，没有找到工作，没有积累丰富的履历，也并不是走错了路。在漫长的人生中现在再也不存在永远无法重来的时期。

不久前我从新闻里看到，现在有很多的母亲，孩子小学三年级的时候就决定孩子将来要念的大学，孩子初中一年级就决定孩子未来的职业，为了让孩子上名牌大学，从幼儿园开始做准备。

如果人生可以活一百岁，那么这个孩子 10 岁左右的时候人生便已确定了，往后的九十多年都要过这样的人生。想到此我不禁叹息，如果完全按照父母的意愿绘制的地图前进，朝向已经确定的方向出发的话，那么这个孩子自己人生的喜怒哀乐究竟算什么呢？

人生是很长的，目标随时都可以完成，也随时都可以再设定。我们不是生活在某一个年龄或时代里，我们要做的是真正的自己。

也就是说，生存是指我出生在这个世界上，我这个人能担任什么样的角色，然后激发我自己。要不断的改变自己，完善自己才是这个时代的生存之道。能吃饱能活着就是生活的时代已经过去很久了。生存是要自己确认自己是清醒的。那么，清醒到底是什么意思呢？是自己可以意识到自己需要的是什么然后自己去获得。

人们都说我的皮肤很好，我的皮肤好是因为我在努力让它变好，不是去做美容的那种保养，我会给皮肤补充很多的水分。无论是洗澡的时候还是简单洗脸的时候，我都认为这是在给变干燥的皮肤补水，因此会补充大量的水分，也会抹很多的护肤霜。因为是妻子帮我选的护肤霜，我相信一定是很好的。不只是皮肤问题，从心理的角度来讲，如果不补充需要的东西，心里就会觉得很不舒服，从知性和理性的角度上来讲也是如此。在为心灵补充水分这件事上，我从不偷懒，因为我认为这就是清醒。

能感受到你的心灵需要补水，这件事本身就说明你是清醒的，因此你才会去填补你所需要的东西。清醒地做这些行为本身就是给你自己注入青春活力，这是让你度过有价值、有意义的人生的源动力。

重要的是，无论做什么事情，如果没有经历燃烧自己的苦痛，是无法成功的。有一个记者问过麦当劳的董事长这样的一个问题，"麦当劳已经家喻户晓了，是世界级的大公司，为什么每年还要花这么大笔的广告费来做宣传呢？"这个问题麦当劳的董事长回答得十分坚定："因为飞机要一直飞行。"

并不是说实现了想要实现的目标人生就完成了，也不是说朝着一个目标，付出一生的努力最终实现了目标，人生就可以成功落幕了，这只是漫长的人生中获得的成就之一而已。今天成功了，明天的生活还会继续。同样的，今天遭遇了挫折，明天的生活也不会结束。只要你还醒着，人生就在继续，目标也会不断更新。我们无法结束飞行，因为想要获得着陆的信号现在还太早。

2

正确的方法可以战胜快速的方法

世界的发展速度越来越快，我们的生活现在正以十年前根本无法想象的速度快速进行着，IT 产业的发展是这些变化的加速器。

以前想要写个报告得到图书馆去，把相关新闻的标题写在检索申请书上，递给资料室，等一段时间，资料室的人会在申请书确认栏帮你记下要找的内容在哪个报纸架连同论文目录等内容再返还给你。然后再拿着这张纸，去阅览室找资料，做好笔记或者复印了拿回来，就这样找资料就要花费好几天的时间。把这些内容整理成资料粘在一起写在稿纸上，检查几遍之后，再打字整理。那时我们获得的资料还没有现在在搜索框内输入几个关联词几秒钟出现的资料的 1% 多。

因此，在当今的韩国社会，速度仿佛变成了一种美德。广告语中也会说"快一点，再快一点，最快速的"，谁能够更快获得，谁能够以最快的速度获得最多成为判断成功的标准。

我们以喜欢"快点快点"而出名。

在儒教思想两班文化时代，"快速"也并不是一种美德。在平民之中也有"吃饭太快会伤食"这样的话来告诫人们放慢速度。

但是在耻辱的殖民地时期为了生存，经历了战争之后百废待兴的时期，就产生了"快的就是好的"这样的认识。此后，发展得再快一些大家才能一起生活得更好的想法支配了整个社会，速度成为了韩国人的追求。去餐厅的时候，一坐下或者一点完餐，食物要马上上桌才舒心；去政府部门办事的时候，需要的资料要马上就拿到手，这个社会似乎才能正常运转。不管什么事，都在眼前快速完成才会顺心。现在变成了，速度就是效率，效率就是实力。

效率这个词，字典中的解释是"在一定的时间内可以做的事情的比率"，但是效率并不代表实力。虽然实现目标是一种成就，但快速地实现目标也不一定是件值得拍手庆贺的事情。但是韩国社会，比起实现目标，更加关注如何快速实现目标。

好像没有比韩国还执着于"最年轻"这个词的国家了。最年轻的合格者，最年轻的冠军，最年轻的获胜者的曝光度越来越高。每年这个记录都会被更新，年龄越来越小。为了尽早取得成果，不管什么事，超前是最重要的。

当我听说把高中生做的数学题拿给小学五年级的学生做，美其名曰超前学习，只有完全掌握了超前学习的内容才能在同级的孩子中遥遥领先的说法，吃惊得合不拢嘴。如今已经变成了无论什么都要做得快才能获胜的社会，这样的社会给我们一种生活中的一切都要经过战斗才能获得的感觉。人们都在寻找捷径，潜心研究是否有秘诀。

社会上兴起了很多的速成培训班，以短期内完成目标的技巧吸引人们的眼球。从另一个角度上来看，这也是韩国能在短时间内快速发展，创造"汉江奇迹"的动力。我们快速地设定目标并在短时间内完成。

如果在实施的过程中出现错误的话，又会快速地进行修改，或者干脆光速般的再新设一个目标。当然并不是说只有大设计才是本事，也不是说慢慢地摸着石头过河才是最好的方法。但是我们一定要思考，快的是否一定就是正确的。很明确的一点是快速并不包含在正确的事物之中。能够快速到达意味着合并或省略了某些过程，或者是拼尽全力神速地完成了整个过程。

我认为实现某个目标的时候，应该让每一个过程都有它自己的意义。如果拼尽全力只为速度的话，那么在过程中一定有错过的部分。这个世界，并不是说得到了结果，实现了目标就是一切，我们现在应该保持平稳。

比起快的方法不如选择正确的方法更加接近成功，令人更加坚定更加安心。正确的方法也不是很难。下定决心向善，以善意来思考和看待每一件事情是我们从小一直接受的教育。在创意成为能力，进取心成为一种特长的当今社会，我们更需要善良的人。现在我们大多数人能力出众，拥有平均水平以上的资质。在各个领域都有自己擅长的事情。单看能力的时候，其实每个人都差不多，但是为了组织、社会和人类，我们需要善良的人。需要在能力相同的前提下能带来更好的影响，为所有的成果起到加分作用的善良的人。成为一个拥有正确的心态和善意的善良的人比快速获得成果更重要。人之初性本善，每个人都曾是善良的人。

3

我是一个好人，我是一个很不错的人

首先我要尊重我自己

我告诉我的学生们，如果想要成为一个有创意的人，首先要做的是对着镜子里的自己宣言"我是一个有创意的人"，对自我的认知比想象中的更重要。连自己都不喜欢自己，不认可自己的话，很难获得别人的认可。如果说地球的中心是我的话，那么我的中心便是我的自尊感。被人践踏会感到难受的是自尊心，而自尊感则与别人无关，完全是我对自我的认知与评价，自尊感是当今时代的话题。

习惯性地在网络上留恶评的人们普遍自尊感都比较弱。因为他不尊重自己，自然也没有关怀和尊重别人的心。因为网络具有匿名性，看不到对方，他们更加利用利刃般的恶言恶语肆意攻击别人。因为自己过得不好没有出息，也看不得别人过得好，如果看到别人拥有了我没有的东西，就会怒不可遏。

希望世界上的其他人都和他们一样。希望对方会因为他们说的话也变得不尊重自己。而且不尊重自己的人，也并不会守护自己，因此可能也缺少克制自己不去做坏事的能力。尊重自己爱自己的人，不论是否匿名，始终都会希望别人觉得自己是个善良的人。

某电视节目的一个场面令我印象深刻，节目的主题是孩子的自尊感。节目组让 10 个小学二年级的学生在 100 分钟之内读书，每读完一本都会给孩子一个表扬的贴纸。孩子们特别积极地开始读书，平均每个孩子读完了 25 本书，拿到了 25 个表扬的贴纸。节目组事先没有透露，在书架上的 300 本书里，有一半是幼儿园水平读的书，另外一半是小学二年级或者更高的年级才可以读的书。大部分的孩子为了多得贴纸都选择了简单的书。仿佛孩子们已经确定，如果自己读了难的书就不能得到更多的贴纸了。但是即使如此，获得了很多贴纸的孩子也没有感到十分幸福，反而孩子们都是一副浪费了时间的表情。但是只有两个孩子选择了自己想读的书，并没有得到很多的表扬贴纸。这两个孩子在攒贴纸和喜欢的书中选择了后者，也守护了自己的自尊感。比起别人的想法和评价，自我的评价才是最重要的。两个孩子虽然在限定的时间里没有得到更多的表扬贴纸，但是选择了适合自己水平的，满足自己读书需要的书。自尊感是在认可自己、喜爱自己的基础上产生的对自己的尊重。

在这个地球上最了解我，最喜欢我的人便是我自己。通常自尊感强的人，成就也会很突出，在社会上成功的几率更高。尊重自己的良性循环的自尊感会让人设定更高水平的目标，也能让人为了目标而全力以赴。如果每个人的自尊感都能增强，对于社会来说也是一件非常有意义的事情。通过善意回帖活动我更加确信了这一点，大学生们在网站上留下善意的回帖时也在发生着变化，在感受到自己是个善良的人的同时，也得到了感情的净化。

把我带到更好的地方去吧

用善意回帖的方式给别人带来鼓励和支持以及称赞，这样美好的感情会影响他人也不再做其他不好的行为。善意回帖并不是为了给谁看的，而是让自己看到善行，是让自己确认我是一个好人的一种程序。在这样的过程中，一定会给社会带来积极的影响。进行了善意回帖的学校里，校园暴力案件骤减便是最好的证据。

早晨起床后，对着镜子洗漱时，可以试着对自己说"我是一个好人"，"我是一个很不错的人"。会感受到和对着自己说"我是一个有创意的人"时类似的感觉。打开笔记写下这些话也是一种好的方法。可以试着坦诚地评论自己的优点，优点会从小的琐碎的事情开始。

关注自己，集中精力回想自己曾经感受到自己是个好人，是个善良的优秀的人的那些瞬间，感受当时的感情变化。

善意回帖活动并不是一件容易的事。需要投入很多的时间和金钱。但是我却越来越喜欢这件事，因为它让我感到很开心。通过善意回帖活动实现了消除校园暴力这一难以置信的成果具有深刻的意义，而看到一起做这项活动的孩子们的眼神和态度所发生的变化，更给人无法比拟的感动。

搜索有恶评的新闻，经过建立逻辑理解为什么留恶评是不对的过程中，孩子会拥有批判性的思考方式。

孩子们的论述能力会因此提高，最终孩子们会拥有积极的思考方式。这是在开始善意回帖运动时，谁也没有预料到的非常大的收获。

而且孩子们对于认真做这件事，不断努力的自己的自尊感也变得更强。人们说我做了一件正确的事，称赞我很优秀。这些称赞成为我能够持续做这个活动的动力，而且通过这个活动，我感到很开心很有意义，这样一来我的自豪感和对自己的爱就更深了。

对自己积极的完整的爱又会让我变成一个更加优秀的人。

我是个好人，我是个很不错的人，这样的宣言会带我去更好的地方。

以一个好人应该做的事情，一个很不错的人应该做的事情来作为一个柔软却强有力的标尺来审视自己。

4

健康就是能力

人有很多种能力，能力与我们的相貌一样各式各样，每个人都拥有一两种能力。有的人拥有很强的亲和力，有的人头脑很清晰，还有的人手艺很出众，有的人外语说得很好，有的人具有执行力。

为了拥有和保持这些能力需要不断地努力，但首先要注意的一点便是健康。如果没有健康做后盾的话，连努力的机会都没有。所以在谈论一个人的优点的时候，最应该获得认可的优点便是始终保持健康的能力。虽然健康和长寿看上去是一回事儿，但实际上完全是两码事。换句话来说，只有健康才能长寿，只有健康，长寿才有意义。

在十多年前，百岁时代听起来还像是很遥远的事情。但是由于医学技术的高速发展，我们已经迎来了百岁时代。越来越多保险公司的出现和各种由于平均寿命的延长导致的社会结构变化的研究让我们更真实地感受到百岁时代的到来。

寿命延长意味着可以做事的时间也延长了，同时也意味着我们要做事情的时间也随之延长了，生活方式也随之改变，此时最有价值的能力便是健康。和年龄无关的年轻状态，身体和心灵，精神和肉体上的健康才是能否在这个时代好好生活的最基本的也是最重要的因素。

比较分析认为自己看上去比实际年龄要年轻的人和认为自己比看上去要更老的这两类人，调查结果显示前者要比后者的平均寿命要长很多。

成功是只有健康的人才能实现的目标，就算为了成功付出一切，没有健康的体魄，人生也只能遗憾收场。即使放弃了健康获得了成功，成就感也是短暂的，人生将在悔恨中度过。有句话说"如果失去了金钱只不过是失去了一点，如果失去了健康就失去了全部"，健康要趁还在的时候来保持，等成功之后，等一切都实现了之后再保持健康这样的糊涂想法在健康问题上是行不通的。

我认为睡眠的质量很重要，觉一定要睡好，睡眠是补充一天的能量的重要途径，要熟睡，第二天才能感到满足。我为了能够熟睡经常在睡前回想让人心情好的事。我会回想因为一个小礼物而开心的妻子的样子；快要生小孩的儿媳妇寄来的写有"我会努力成为和爸爸妈妈一样受孩子尊敬的父母"字样的卡片；一起去家族旅行时，孩子们对我说"爸爸我们尊敬您"的瞬间；还有我十分喜欢的旅游景点等等。只要回想几个令人开心的瞬间，就会十分甜美地进入梦乡，然后第二天早晨就会觉得十分畅快轻松。

而且我一有时间就会去体育馆做肌肉运动和有氧运动。努力一天也不落下，运动的时候也全力以赴。有时也会觉得像是讨厌的作业一般不想做，但是一穿上运动服之后就有无穷的动力。

即使是没有办法专门腾出时间运动的人，我觉得也可以多多活动身体。在上班路上可以用正确的姿势来做快走运动，晚上吃完饭后也可以做做空手体操出出汗。尤其是经常用脑工作的人，可以暂时摆脱单纯的脑力劳动，做一些简单重复性的身体运动，让大脑得到充分休息。

我一直坚持吃维生素，但是不吃补药或者其他的营养品，其他的营养都尽可能均匀地在食物中摄取。我不抽烟，也不喝酒。理由很简单，因为我的体质不太能接受。而且我会喝很多的水，我认为我们吃下去的东西，会变成我们身体的一部分。世界上所有的媒体都在争先恐后地报道健康的秘诀，因为人们很渴望保持健康。其实没有什么了不起的秘诀，报道中不过是在用不同的事例来说明不挑食，好好休息，不要承受太多的压力就可以了。其实想要保持健康只要做到这些就足够了。

并没有什么我们未知的、新发现的、了不起的秘诀。

每个人从母亲身体里出生的时候，都是干净无瑕的状态，但是吃了不好的食物，吃得又不规律，昼夜颠倒，无法保证睡眠质量，吸烟喝酒，承受各种各样的压力，然后我们的健康就受损了，健康受损是有准确的因果关系可循的。

能够靠我的意志来支配的只有我的身体。即使是我最亲密的配偶和我的孩子们，也不能像我的身体这样随心支配。

我的身体会随着我所吃的食物，我所做的运动，我休息和照顾它的情况而改变。成功可以稍微推迟一下，但是健康是不能推迟的。

叔本华曾经说过"人们常犯的最愚蠢的错误就是拿健康来换取其他身外之物"。牺牲健康来获取的利益算不上是利益，牺牲健康的成功无论是谁都不会称之为成功。

5

善良便能成功

一切皆有可能

TED（www.ted.com）是一群灵感丰富的人通过"谈话（talk）"的方式向全世界的人分享自己的创意，无论是谁都可以在这里获得创意和感动的一个免费知识平台。

TED 的其中一个嘉宾，15 岁的少年杰克·安德拉卡（Jack Andraka）引起了很大的反响。杰克·安德拉卡的叔叔因为胰腺癌过世，当时杰克 13 岁。最亲近的人的癌症太晚被发现，而且已经无法医治，这让年幼的杰克感到十分沮丧。他开始深刻地思考，为什么胰腺癌只能在晚期被发现，而且即使被发现生存率也极低。他开始在网络上搜集资料潜心研究。

在这个过程中他发现，85% 的胰腺癌患者的病情都是在末期时被发现的，这样发病的人中只有不到 2% 的患者能存活。现有的胰腺癌检测方法已经使用了 60 多年，而且误诊率高达 30%。

当他知道要在 8000 多种蛋白质中寻找一种数值高的蛋白质时，这位十多岁的科学研究者便轻松地决定进行 8000 次实验。他说自己的那个决定是十几岁时候盲目的乐观，正如他在 TED 演讲中所说的那样，在实验了 4000 多次快要疯掉的时候，他找到了那种蛋白质。

然后在从网络上搜集的知识的基础上，他在生物课上得到了一个重要的启示，通过一种叫做纳米管的工具可以更快地检测出该蛋白质。他创造了一个可以让人们摆脱胰腺癌的创意，还将之付诸行动。他给美国境内和胰腺癌研究有关的 200 多名科学研究者发送了邮件，说明了自己的想法，然后邀请他们帮助自己进行下一阶段的研究。杰克本来以为，他会收到"杰克你是一个天才""因为你可以挽救很多人的生命"这样的回信，然而他收到的却是 199 封拒绝的邮件。只有一位教授表示对杰克的研究感兴趣，在他的帮助下，经过 7 个月的研究，杰克发明了"胰腺癌检测试纸"。这种试纸的价格只要 3 美分，5 分钟便能知道结果。

他的检测方法比现有的胰腺癌检测方法快 168 倍，便宜 26000 倍，灵敏度高 400 倍以上。因为这项了不起的发明，他成为了全世界都知道的名人。

有一位记者问已经成为英雄的他，想要通过这项研究获得什么。他回答："我想尽早公开这个研究，挽救更多的生命。"杰克·安德拉卡现在正致力于一项新的发明，他想让不论是发达国家的人民还是落后国家的人民，都能享用干净的水资源。

在演讲里，杰克·安德拉卡说道："互联网使一切成为可能，我们可以通过它共享理论。你并不需要成为一个拥有很多学位的教授来使别人重视你的想法。互联网是一个中立的空间，相貌、年龄、性别都是不重要的。对我来说，以不同的视角来看待互联网，在互联网上创造更多的东西才重要。"

这是一个为了搜集研究资料，在十几岁孩子们的好朋友——谷歌和维基百科网站上获得信息的 15 岁少年所说的话。连胰腺长在哪里都不知道的 15 岁少年，却在全部以网络为支撑的条件下，发明了可以在早期发现胰腺癌，使胰腺癌患者能在存活率最高甚至可以接近 100% 的时候接受诊断和治疗的伟大发明。

与人类的广场互联网的新邂逅

互联网成为了人类的广场。15 岁的杰克充分利用了互联网，成为潜在的癌症患者们的希望。但是在地球村的另一边，另外一些 15 岁的孩子每天在互联网上写着恶意回帖。互联网不再仅仅是搜索的引擎，或者人们表达思念沟通交流的平台。

对于认为只有纸质印刷的资料才是最好，只相信自己所知道的，认为共享是一种资源的泄露的许多传统学者们来说，互联网是一种已经摆在眼前的强势的新型的共享模式。互联网是一个全世界为了更好的目标，更善意的想法，更多人的利益的宽阔坚实的广场，它发展的速度和深度已经让之前的事物无法望其项背。

对于在互联网上开展人性恢复运动和潜在的创意开发运动的我而言，15 岁少年的演讲给了我无限的动力。并且，在他的研究和他的演讲内容里，有我无数次跟学生们分享过、强调过、举例说明过的内容：要一直保持清醒，要有创意性的想法，要马上实践自己的想法，要举起手来表达自己想获得别人的帮助，要在该练习的时候下功夫，出现问题的时候要全力以赴去解决，为了别人而不是自己来做事，要多做好事。他所获得的成功正在拯救被胰腺癌、卵巢癌、肺癌的恐怖笼罩下的人类。

我很佩服这个 15 岁的少年拥有的探究能力。

　　杰克·安德卡拉所实现的惊人的、伟大的发现，其实每个人都能够做到。可以让我付诸行动的核心动力是，我对于做某件事情有着多么强烈的愿望，以及为了实现这件事情，我拥有多么强烈的热情。杰克所使用的互联网是现代社会每个人都可以使用的工具。谷歌和维基百科是每个人都可以登录，把全世界的信息都变成自己的信息的网站。通过谷歌可以直接给全世界的权威人士写邮件，也可以阅读他们的论文著作。利用的方式不同，可以产生完全不同的结果。而这个 15 岁少年之所以令人关注，是因为他做了挽救人类生命的善事。

创造就是自我发展

　　英文字母从 A 开始到 Z 结束。人类的一生从 B（birth）开始到 D（death）结束。那么诞生和消亡之间是什么呢？ B 和 D 的中间是 C，也就是创造（creativity）。创造才是追求真正的人生，人类的生活就是创造的延续，不断地通过自我发展，通过创造来经营自己的生活。

　　创造就是自我发展。

　　创造并不困难。

　　创造就是把想法现实化。

　　这样的创造是自我发展的源动力。

　　当创造的目标是为了公共利益而非一己私利时，就具有更大的价值。

　　当我所拥有的善意不是为了自己而是为了别人时，终会获得好的结果。

图书在版编目 (CIP) 数据

善意回帖 ／（韩）闵丙哲著．—北京：中央编译出版社，2016.4

书名原文：After All，the Good People Succeed

ISBN 978-7-5117-2960-6

I. ①善… II. ①闵… III. ①人性－研究 IV. ① B82-061

中国版本图书馆 CIP 数据核字 (2016) 第 029060 号

善意回帖

出 版 人：刘明清
出版统筹：贾宇琰
责任编辑：霍星辰
责任印制：尹　珺
出版发行：中央编译出版社
地　　址：北京西城区车公庄大街乙 5 号鸿儒大厦 B 座 (100044)
电　　话：(010) 52612345（总编室）　　(010) 52612333（编辑室）
　　　　　(010) 52612316（发行部）　　(010) 52612317（网络销售）
　　　　　(010) 52612346（馆配部）　　(010) 55626985（读者服务部）
传　　真：(010) 66515838
经　　销：全国新华书店
印　　刷：北京紫瑞利印刷有限公司
开　　本：880 毫米 ×1230 毫米　1/32
字　　数：133 千字
印　　张：5.75
版　　次：2016 年 4 月第 1 版第 1 次印刷
定　　价：25.00 元

网　　址：www.cctphome.com　　　邮　箱：cctp@cctphome.com
新浪微博：@ 中央编译出版社　　　微　信：中央编译出版社（ID：cctphome）
淘宝店铺：中央编译出版社直销店 (http://shop108367160.taobao.com) (010)52612349

本社常年法律顾问：北京嘉润律师事务所律师　李敬伟　问小牛
凡有印装质量问题，本社负责调换，电话：010-55626985